insel taschenbuch 4736

Vita Sackville-West

Mein Herbstgarten

Vita Sackville-West, Schriftstellerin und begnadete Gärtnerin, hat nicht nur den berühmtesten Garten der Welt – Sissinghurst – geschaffen, sondern auch ihre Liebe zur Natur in ihren legendären, weil ebenso kenntnisreichen wie charmanten Gartenkolumnen festgehalten, die hier, nach Jahreszeiten geordnet, vorgestellt werden.

Jede Jahreszeit entfaltet ihren eigenen Zauber im Garten: Im Spätherbst erinnern noch einige Rosen und Hortensien an den vergangenen Sommer. Jetzt erblühen Dahlien, Astern, Clematis und Gladiolen in zahlreichen Farben. Die Nußbäume tauchen den Garten mit ihren Blättern in ein goldenes Gelb, und die ersten glänzenden Kastanien landen im raschelnden Laub. Nun gilt es, die Beete auf den Winter vorzubereiten und erste Zwiebeln der Frühblüher in den Boden zu bringen.

Victoria Mary Sackville-West (1892-1962), genannt Vita, publizierte in ihrem Leben über fünfzig Bücher. Für den *Observer* schrieb sie über 25 Jahre lang eine erfolgreiche Gartenkolumne. 1930 erwarb sie Sissinghurst Castle in Kent, wo sie zusammen mit ihrem Mann einen der schönsten Gärten der Welt entwarf und anlegte.

Im insel taschenbuch liegen von ihr außerdem vor: *Mein Frühlingsgarten* (it 4692); *Mein Garten im Sommer* (it 4713); *Meine Lieblingsblumen* (it 4436).

VITA SACKVILLE-WEST

Mein Herbstgarten

Aus dem Englischen von Gabriele Haefs
Mit farbigen Illustrationen von
Pierre-Joseph Redouté

INSEL VERLAG

Erste Auflage 2019
insel taschenbuch 4736

Vertrieb durch den Suhrkamp Taschenbuch Verlag
Umschlag: Brian Barth
Umschlagabbildung: Pierre-Joseph Redouté,
French hydrangea (Französische Hostensie), 1827-33
Satz: Satz-Offizin Hümmer GmbH, Waldbüttelbrunn
Druck: CPI – Ebner & Spiegel, Ulm
Printed in Germany
ISBN 978-3-458-36436-8

Mein Herbstgarten

SEPTEMBER

September ... was für ein Wendepunkt, was für eine Wasserscheide im Jahreslauf. Ich denke an die Monate immer wie an Jahrzehnte im Menschenleben: April-Mai; Juni-Juli; August-September. Die Zeit von März bis Ende April ist die Jugend; die von Mai bis Juni die spätere Jugend bis zum dreißigsten Geburtstag, diesem unangenehmen Meilenstein; Juni und Juli ist die Zeit zwischen dreißig und vierzig, oder wollten wir sagen, fünfzig? Nach Ende Juli erreichen wir das unangenehme Stadium der Gewißheit, daß wir uns den sechzig nähern; dann kommt der September und wir gehen auf die siebzig zu, und wenn wir bei Oktober, November und Dezember angekommen sind, wäre es taktlos, die Parallelen noch weiter zu vertiefen.

Im September sollten wir an die bevorstehenden rauhen, windigen Tage denken. Kalte Winde können eine Pflanze ebenso nachdrücklich verletzen wie Feuer, aber ich stelle mir vor, daß wir die Winde weitgehend abwehren können, wenn wir zu dem Verfahren greifen, das in Kent »Hop-Lewing« genannt wird. »Lew« ist ein nettes kleines, altes Wort, das »Schutz« bedeutet (es ist verwandt mit dem deutschen Wort »lau«). Hier auf dem Land hört man es noch oft: »Die Lämmer wären alle erfroren, wenn ich nicht ein paar lews gemacht hätte.« Unter Hop-Lewing verstehen wir eine sehr grob gewebte Art Sackleinen, wie Hopfenzüchter sie auf hohen Pfählen an der Windseite ihrer Hopfengärten aufstellen. Sie sind an die einsachtzig breit und werden in Längen von etwa fünfundvierzig Metern verkauft. Ich sehe wirklich keinen Grund, warum wir sie nicht passend zuschneiden und in unseren Gärten verwenden sollten. Wir müssen sie ja nicht unbedingt auf hohen Pfählen anbringen.

Wir sollten sie auf dem Boden aufspannen und in regelmäßigen Abständen mit Stöcken feststecken. Das lockere Gewebe läßt die Luft hindurch, die alle Pflanzen so dringend brauchen und die so oft von mit Stroh und Farnkraut verdichteten Weidengeflechten oder durch die dicke Verpackung ausgesperrt wird, in die manche ihre Schätze während des Winters hüllen wie in einen warmen Schlafrock.

Ein länglicher Geist aus *hop-lewing*, ein grauer, durch die Mangel gedrehter Geist. So wird mein Garten im nächsten Winter umherspuken.

Jetzt treffen langsam die Herbstkataloge ein, und sie erinnern mich an die Päonien (Pfingstrosen). Es gibt nur wenige dankbarere Pflanzen. Kaninchen mögen sie nicht; sie blühen den ganzen Mai und Juni hindurch; als Schnittblumen halten sie sich im Haus oft über eine Woche; sie blühen in Sonne und Halbschatten; sie vertragen fast jede Art Boden, kalkhaltig oder nicht; sie finden sich sogar mit Ton ab; sie brauchen niemals vereinzelt oder verpflanzt zu werden; das hassen sie geradezu; und sie sind so langlebig, daß sie Sie vermutlich überleben werden, wenn Sie erst einmal eine Pflanzung gezogen haben (was gar nicht schwer ist). Dazu kommt auch noch, daß sie Vernachlässigung ertragen können. Meine haben sich durch das Unkraut des Krieges hindurchgekämpft und scheinen keinen Schaden daran genommen zu haben.

Aber wenn Sie ihnen Gutes tun, dann reagieren sie, wie jede Pflanze auf gute Behandlung reagiert. Wenn Sie ein wenig Knochenmehl übrig haben, streuen Sie es im Herbst aus. Das ist jedoch nicht unbedingt nötig. Unbedingt nötig ist zunächst sorgfältiges Pflanzen, darunter verstehe ich, daß Sie ein um die fünfzig Zentimeter tiefes Loch graben sollten; geben Sie zunächst verrotteten Dung oder Kompost hinein; füllen sie es dann mit normalem Erdreich, und pflanzen Sie untief, d. h., vergraben Sie die Spitze nicht tiefer als vielleicht zehn Zentimeter. Das ist wichtig.

Grob gesagt gibt es zwei Päonienarten: die krautartigen, zu denen wir die eigentliche Spezies zählen, und die Baumpäonie (*Paeonia suffruticosa*). Baumpäonien werden heute nicht mehr häufig angeboten und sind entsprechend teuer. Aber die Ausgabe lohnt sich, vor allem, weil sie schon früh zu blühen beginnen und sich in zunehmendem Alter darin noch immer weiter steigern. *Sie sollten sie niemals beschneiden.* Meine wurden von einem Aushilfsgärtner ruiniert, der noch dazu (was ich damals aber nicht wußte) ein Zeuge Jehovas war und der sie eines Herbstes in Grund und Boden beschnitt.

Die krautartige Päonie ist die Art, die wir oft in Cottagegärten in nicht sonderlich attraktiven Farbtönen von Rot oder Rosa sehen. Aber wir sollten sie deshalb nicht verdammen. Es gibt heute viele Varianten, einfache wie gefüllte, in allen Farben von reinem Weiß über Weißgelb bis zu Muschelrosa, Tiefrosa und dem Abendhimmelrot der *P. peregrina*. Diese lodert wirklich, und ihre Genossin *P. lobata Sunshine* kann sich mit ihr messen, wenn sie sie nicht sogar übertrifft. Von den Gelben würde ich *P. mlokosewitschii* empfehlen, wenn sie nicht so teuer wäre; ich habe meine aus einer preiswerten Samenpackung gezogen, aber dazu gehört viel Geduld. Von dieser abgesehen, ist *P. Laura Dessert* vermutlich die beste Gelbe, die für einen vernünftigen Preis zu haben ist. *Sarah Bernhardt*, die noch etwas preisgünstiger ist, hat riesige, blaßrosa gefüllte Blüten; die um einiges teurere *Kelway's Supreme* ist von feinem Weißrosa; *Duchesse de Nemours*, wiederum billiger, ist weiß mit einem leicht gelblichen Farbton und kleineren Blüten; *Monsieur Martin Cahuzac*, zum gleichen Preis, ist dunkelrot, und seine Blätter sind im Herbst von schöner Farbe.

Dieser Artikel wird von zwei Dingen handeln, von einem Baum und einer Lilie nämlich. Der Blasenbaum, *Koelreuteria apiculata*, ist im August, wenn er seine endgültige Größe von fünf bis fünfzehn Metern erreicht hat, von außergewöhnlicher Schönheit. Ein Baum erlangt eine solche Größe natürlich nicht innerhalb weniger Jahre, deshalb gilt diese Empfehlung nur für die, die für öffentliche Parks oder Gärten Bäume aussuchen oder vorhaben, sehr lange auf ihrem Grund und Boden zu bleiben; für die Besitzer eines kleinen Landhauses zum Beispiel. Nomadisierende Mieter können es sich nicht leisten, so lange zu warten.

Ich habe die Samen der *Koelreuteria* im verlassenen Garten einer alten französischen Abtei gesammelt; ich wußte damals nicht, was ich da vor mir hatte. Ich konnte nur sehen, daß es sich um einen eleganten Baum handelte, dessen Samenkapseln aussahen wie chinesische Lampions oder die Hülsen der Pflanze, die wir Lampionblume (*Physalis peruviana*) nennen und als Winterdekoration anpflanzen. Zu Hause säte ich die Samen in einer Schale aus, und sie keimten so energisch wie Gras. Ich sah natürlich, daß die Blätter ein sehr hübsches Rosa annahmen, aber erst, als ich in einem benachbarten Garten ein ausgewachsenes Exemplar sah, ging mir auf, welchen Schatz ich da erbeutet hatte. Dieses Exemplar stand in voller Blüte, hellgelbe Blüten auf geraden, etwa dreißig Zentimeter hohen spitzen Stengeln, ein wenig wie die Goldrute, wenn Sie sich Goldrute vorstellen können, die unmittelbar über Ihrem Kopf aus einem Baum herauswächst, und diese Blüten ragten kühn über Mengen von korallenroten Samenkapseln, die Ähnlichkeit mit Quasten hatten, und über fedrigen grünen Blättern auf. Ich übertreibe wirklich nicht. Der Anblick dieses Baums vor dem blauen Himmel war geradezu atemberaubend.

Die Lilie, um die es mir heute geht, ist *Lilium regale* (Königslilie), die süßduftende Trompete, vielleicht das am leichtesten anzubauende Mitglied dieser launischen Familie. Zwischen dieser Lilie und der *Koelreuteria* gibt es keinerlei Ähnlichkeiten, abgesehen davon, daß sie sich beide leicht aus Samen ziehen lassen. Reife Zwiebeln sind derzeit ziemlich teuer, wenn Sie also größere Mengen anpflanzen möchten, lohnt es sich, sie aus dem Samen zu ziehen – und dann ist jetzt der Moment gekommen, um in Ihrem eigenen oder den Gärten Ihrer Bekannten danach Ausschau zu halten. Sie können den Samen natürlich auch kaufen, aber es macht mehr Spaß, eine Samenkapsel aufzubrechen und die wunderbar verpackten, papierdünnen Samen selber herauszuschütteln. Jeder von ihnen keimt normalerweise, und eine Kapsel liefert mehr Lilien, als Sie vermutlich in Ihrem Garten unterbringen können. Nehmen Sie die Samen der stärksten Pflanze, säen Sie sie in einer »Samendose« aus, und pflanzen Sie dann im nächsten Jahr die kleinen Zwiebeln in Reihen in einem Beet, wo Sie ein Auge auf sie haben können; am Ende des zweiten Jahres sollten Sie eigentlich schon einige Blumen pflücken können, nach dem dritten müßten die Lilien voll entwickelt sein. Wenn Sie diesen Prozeß jedes Jahr wiederholen, dann dürfte es Ihnen in Ihrem Garten eigentlich niemals an *L. regale* fehlen, doch Kosten würden für Sie dabei nicht entstehen.

Sie wissen natürlich, daß Sie das auch mit den kleinen schwarzen, knopfartigen Wurzeln am Schaft der Tigerlilie, *Lilium lancifolium*, machen können?

Für alle, die über die »Samendose« gestolpert sind, will ich das amüsante Verfahren näher erläutern. Sie brauchen ein Glas mit Drehverschluß, ein Einmachglas zum Beispiel; das füllen sie mit einer Mischung aus Lauberde, Torf und Lehm. Diese Mischung setzen Sie unter Wasser und quetschen sie aus, bis sie nicht mehr tropft, sondern zu einem feuchten Schwamm geworden ist. Danach geben Sie schichtweise je eine Schicht »Schwamm« und eine Schicht Samen in das Glas, bis es voll ist. Dann drehen Sie den Deckel fest, stellen das Glas in einem warmen Zimmer auf die Fensterbank und warten, bis die Samen an den Glasrand wandern, wo Sie sehen können, daß sie sich zu kleinen kaulquappenartigen Dingern entwickelt haben, die, wie Sie hoffen, irgendwann dann zu Zwiebeln werden.

Ich bin immer überrascht, wenn jemand normalen Rosmarin nicht erkennt. »Was ist das?« fragen die Besucher und betrachten die großen dunkelgrünen Büsche, die sich so großzügig auf der Einfahrt zu meinem Haus verbreiten. Ich hatte Rosmarin für eine unserer verbreitetsten Pflanzen gehalten, und sei es nur wegen seiner sentimentalen Assoziationen. Angeblich sorgte Rosmarin für ein besseres Gedächtnis, weshalb es ein Symbol für Treue unter Liebenden wurde. »Ein Zweiglein davon spricht eine stumme Sprache«, sagte Sir Thomas More; eine andere Legende verbindet ihn mit dem Alter Unseres Herrn, dreiunddreißig Jahre, danach wächst er nicht mehr in die Höhe, nur noch in die Breite. Eine romantische Pflanze, aber seltsamerweise auch eine ziemlich unbekannte.

Es gibt mehrere Rosmarinarten. Wir haben den normalen buschigen Typ, *Rosmarinus officinalis*, der als Busch gepflanzt oder auch zur Hecke beschnitten werden kann. Als Hecke gefällt er mir nicht so sehr, denn dem ständigen Beschneiden fallen die Blüten zum Opfer, die die Hälfte seiner Schönheit ausmachen. Es ist immerhin eine dichte Hecke, wenn Ihnen daran gelegen ist. Beschneiden Sie ja nicht das alte Holz. Es gibt außerdem den korsischen Rosmarin, *R. angustifolius Corsicus*, mit eher fedrigen Blättern und hellblauen oder fast enzianblauen Blüten; er sieht weniger robust aus als der normale Rosmarin und ist vielleicht nicht so zäh, aber so wunderschön, daß er eine geschützte Ecke durchaus verdient hat. Er haßt kalten Wind. Der kompakte, pyramidenförmige Rosmarin, der den schönen Namen *Miss Jessopp's Upright* trägt, erreicht innerhalb weniger Jahre Gardemaß. (Wer mag Miss Jessopp wohl gewesen sein? Das wüßte ich wirklich gern.) Es gibt auch eine kriechende, für Steingärten geeignete Art namens *Prostratus*, aber die ist nicht besonders zäh, und ich würde sie höchstens Bewohnern der wärmeren Grafschaften empfehlen. Sie läßt sich jedoch in gute Laune versetzen, wenn ihre Wurzeln zwischen Steinen gut geschützt und für Frost und Feuchtigkeit unerreichbar sind, dann entwickelt sie einen dankbaren, immergrünen Teppich und ist eine gute Deckung für die kleinen frühen Zwiebeln, die diesen Teppich schließlich durchbrechen, wie die Damentulpe, *Tulipa clusiana*, die Osterglocken oder die winzigen Narzissen wie *Narcissus juncifolius* mit ihrem süßen Duft.

Wir sollten auch nicht vergessen, daß eine weißblütige Art des normalen Rosmarins erhältlich ist, was eine nette Abwechslung von den verbreiteteren blauen Blüten bedeutet.

Fast alle Rosmarinarten fühlen sich überall in der Sonne wohl, sie ziehen leichten und sogar kargen, sandigen, steinigen Boden vor. Im September geschnittene Ableger entwickeln sehr rasch Wurzeln, wenn sie fest in den Sand gesteckt und dort bis zum nächsten Frühling in Ruhe gelassen werden. Dann können sie ausgepflanzt werden.

Wer sich nicht für Blumen interessiert, interessiert sich nicht für Blumen. Er kennt ihre Namen nicht, was verständlich ist, wir können schließlich nicht alle Gärtner oder Botaniker sein, aber er weiß auch nicht, wie er Blumen betrachten sollte. Er geht nach der Masse und ist entsprechend beeindruckt, doch die feineren Nuancen entgehen ihm – und damit entgeht ihm eine ganze Menge. Er muß noch lernen, daß es nicht immer auf Größe und auffälliges Aussehen ankommt.

Ich denke hier vor allem an die kleinen Tulpen, die jetzt bestellt und irgendwann bis Mitte Oktober gepflanzt werden sollten. Sie sind die Winzlinge der Tulpenfamilie; von der Größe her lassen sie sich nicht mit den großen Darwin-Hybriden und nicht einmal mit den Cottagetulpen vergleichen, deren Blüte wir im Mai erleben. Einer meiner Lieblinge unter den kleinen ist *Tulipa tarda*, manchmal auch *Tulipa dasystemon* genannt. Ich weiß wirklich nicht, wodurch sie die Bezeichnung *tarda* (träge) verdient, sie blüht nämlich als eine der ersten, ist also alles andere als träge. Sie wird höchstens fünfzehn Zentimeter groß, ist grünweiß gestreift, sehr hübsch, wenn die Blüte fest geschlossen ist, und noch viel hübscher, wenn sie sich in der Sonne öffnet und einen flachen, gelbweißen Stern zeigt.

Es gibt außerdem *Tulipa linifolia*. Das ist eine kleine, leuchtend scharlachrote Tulpe aus Buchara in Zentralasien, dieser romantischen Gegend, die nur so wenige unter uns besuchen können, einem Paradies für wilde Blumen. *Tulipa linifolia* läßt sich ohne große Mühe in England anpflanzen, möglichst in sandigem Boden und soviel Sonne, wie unser Klima das nur gestattet.

Das gilt auch für die wilde griechische Tulpe *T. orphanidea*. Sie ist außen bronzebraun-gelb und öffnet sich in der Sonne zu einem Stern, der sich nach Sonnenuntergang zu einer spitzen Knospe schließt, um sich dann abermals zu einem Morgenstern von geöffneten Blütenblättern zu entfalten.

Beides sind Tulpen für diejenigen, die wissen, wie sie sie

betrachten sollten. Wer lieber auffälligere Tulpensorten hätte, sollte sich einige Zwiebeln der *kaufmanniana* zulegen, der sogenannten Seerosentulpe. Ich finde sie ziemlich vulgär im Vergleich mit den Winzlingen, denen mein Herz und meine Liebe gehören; aber es wäre töricht, ihnen ihre eigene Schönheit absprechen zu wollen, eine Schönheit ähnlich der der Seerosen, denen sie ja schließlich auch ihren Namen verdanken.

Da ich diesen Artikel unterwegs schreibe, möchte ich ein wenig davon erzählen, was ich auf einer vierzehntägigen Reise gesehen habe, Dinge, die mir neu waren oder die ich ganz einfach vergessen hatte. Ich hatte zum Beispiel die im Sommer blühende malvenfarbene *Solanum crispum* (Nachtschatten) vergessen, die im August so nützlich ist, ein wenig empfindlich vielleicht, denn sie braucht eine warme Südwand. Vergessen hatte ich auch die weiße *Solanum jasminoides*, die ebenfalls im August blüht, eine äußerst elegante Kletterpflanze, ebenfalls ein wenig empfindlich, aber in den südlichen Grafschaften lohnt der Versuch sich doch. Vergessen schließlich war die weiße – oder eher cremefarbene – *Buddleia fallowiana alba* (Sommerflieder) mit ihren grauen Blättern, ziemlich ungewöhnlich und eine willkommene Abwechslung von der normalen malvenfarbenen Variante. *Buddleia nivea* hat noch grauere, wollige Blätter, sie sind fast so wollig und zottig wie die der alten geliebten Cottage-Pflanze *Stachys lanata*, auch bekannt als Eselsohr oder Wolliger Ziest. Ich hatte *Itea ilicifolia* (Rosmarinweide) vergessen, einen Strauch mit langen, grauweißen Kätzchen von sanfter Schönheit, duftend und leider empfindlich, der es vorzieht, sich gegen eine Mauer zu lehnen. Schließlich war auch noch *Berberis wilsoniae* (Berberitze), die eigentlich für alle mit einer Vorliebe für graugrüne Blätter wie geschaffen ist, aus meinem Gedächtnis verschwunden.

Dann sah ich eine strauchartige Pflanze, die ich später als *Abelia grandiflora* identifizieren konnte. Es ist wirklich ein überraschend hübscher Strauch; er entwickelt einen Schatz an spitzen, hellrosa Knospen, die sich zu rosaweißen Blüten öffnen. Er ist recht zäh, ich würde ihn allen empfehlen, die im August- und Septembergarten ein wenig Farbe sehen möchten.

Ein weiterer Strauch, den ich unterwegs gesehen habe, ist *Decaisnea fargesii*. Er wird auch Blauschotenbaum genannt, weil er im Herbst hellblaue Samenkapseln entwickelt, wirklich dekorativ. Er ist recht zäh und sollte in jegliche ungenutzte Ecke gepflanzt werden, einfach wegen seiner gelbgrünen Blüten und seiner stahlblauen Samenkapseln im Herbst.

Das alles sind kurze Eindrücke von meiner Reise; ich muß Ihnen aber noch nahelegen, *Indigofera dielsiana* (Indigostrauch) anzupflanzen, es ist einfach eine überraschend schöne Pflanze. Sie entwickelt lange Zweige voller rosavioletter, wickenhafter Blüten, die an die dreißig Zentimeter lang werden und sehr elegant aus ihrem zarten Blattwerk herausragen. Sie paßt sehr gut zur oben erwähnten malvenfarbenen *Solanum* oder, stelle ich mir vor, zur im August blühenden blauen *Ceanothus Gloire de Versailles* (Säckelblume) und vielleicht sogar zum blauen Bleiwurz *Ceratostigma willmottianum*.

Vorwurfsvolle Briefe treffen ein; wie kann ich denn nur den Augustgarten als langweilig und schwerfällig bezeichnen? Diese Briefe sind alle höflich und freundlich, aber es wird doch deutlich, daß ich ihre Absender verletzt habe. Einige zeichnen ein Bild von solcher Fröhlichkeit, daß ich mich wirklich schäme. Es stimmt natürlich auch, daß wir die Farbenpracht noch bis in den September hinüber retten können, wenn wir genug Zeit für die Einjährigen haben (und nicht allzuviel Platz ausfüllen müssen). Es fiel mir nicht schwer, mir die stolzen Gartenflecken vorzustellen, die meine Leser vor Augen hatten: Petunien, Leberbalsam, Löwenmäulchen, Portulak, Kosmeen, Bärenohr, Rittersporn, Levkojen, Verbenen, Zinnien ... bei der bloßen Erwähnung dieser Pflanzen mußte ich mir die Augen reiben. Dazu kommen dann noch winterharte Pflanzen wie Sonnenbraut, die flachköpfige gelbe Garbe, der Sonnenhut, die Korkadenblume (es gibt zwei besonders schöne, nämlich *Gaillardia aristata* und *Wirral Flame*). Und Dahlien. Und Gladiolen. Und Montbretien. Ja, vielleicht habe ich mich geirrt. Ich dachte wohl eher an schlampige Bäume, an überwucherte Hecken, an Dornbüsche, die den ersten Hauch von Herbst verströmen; und ich muß zugeben, daß meine Aversion gegen den Herbstgarten eher psychisch als auf Tatsachen gestützt ist. Ich kann den Gedanken einfach nicht ertragen, daß der Sommer zu Ende geht und der Frühling noch so weit in der Zukunft liegt.

Wie ich schon angedeutet habe, so pflanze ich außer Zinnien nicht viele Einjährige an, den Zinnien aber bleibe ich immer treu. Es gibt allerdings eine Blume, die sich in diesem Jahr als sehr dekorativ erwiesen hat und die sehr lange

Blüten trug, sie blüht sogar jetzt noch. Und zwar *Venidio-Arctotis*, eine einigermaßen robuste, südafrikanische Margerite von enormer Größe, mindestens neun Zentimeter breit, mit leuchtenden, wie lackiert aussehenden orangefarbenen Blütenblättern und einem dunklen Ring in der Mitte. Warum, fragte ich mich, als ich diesem farbenfrohen Ding ins Auge schaute, warum gibt sich die Natur solche Mühe und zeigt sich so unermüdlich als emsige Erfinderin? Warum diese überflüssige Phantasie? Warum dieses ewige, unerklärliche Wunder der Variation? Soll das alles uns Menschen ansprechen oder eher Insekten auf Nektarsuche anlocken?

Es gibt Venidio-Hybriden, die laut Katalog alle Farben zwischen Weiß und Zitronen- und Strohgelb haben; es gibt auch eine ungefähr dreißig Zentimeter hohe gelbe und orangefarbenen Mini-Art. Wer sie früh anpflanzen kann, in einem Behälter unter Glas, wie das mit halbwegs robusten Einjährigen zumeist gemacht wird, kann sich natürlich über früheres Blühen freuen; im Freien sollten sie, Ende Mai gesät und dann nicht mehr verpflanzt, von Anfang Juli bis weit in den August hinein blühen.

In diesem Monat bieten sich auch Bemerkungen über Kletterpflanzen an. Wir treffen unter den vielen erhältlichen Arten nicht immer die beste Wahl, und dabei ist die Spannbreite so groß, ob wir nun an einer Wand, über einer Bank, an einem Pfosten oder sogar in einem Torweg pflanzen oder ob wir die eleganteste Methode wählen und lange Zweige an einem alten Baum emporranken lassen, wo sie dann locker und ungehindert herabhängen und sich ausbreiten können.

Zu diesem Zweck eignen sich vor allem die kletternden Wichura-Rosen, da sie, mit wenigen Ausnahmen wie *Albertine* und *Albéric Barbier*, an Wänden Mehltau entwickeln und sich gern von der Luft durchpusten lassen. *Felicité Perpétue*, die an zwei junge Frauen erinnern sollen, die A.D. 203 in Karthago den Märtyrertod erlitten, wird an einem Baum fast sieben Meter hoch, und das paßt zu ihrem Namen, denn Sta. Perpetua wurde die Vision einer wundervollen Leiter zuteil, die in den Himmel reichte. *François Juranville*, rosa und graubraun, ist von weniger energischem Wuchs, aber äußerst anmutig. Zu den anderen Wichura-Rosen mit starrerer Haltung als die Kletterrosen gehören *New Dawn* und *Everblooming Dr. W. van Fleet*, meiner Ansicht nach zwei der besten, im Sommer blühen sie üppig und zeigen ein zartes, aber klares Rosaweiß. *Emily Gray*, die als zart gilt, was ich aber bisher nicht bestätigen kann, wenn sie an einer Südwand gepflanzt wird, hat große blaßgelbe Blüten und dunkelgrüne glänzende Blätter; *Cupid*, eine Teehybride, rosa mit goldenem Mittelknauf, und *Elégance*, von cremigem Weiß, sind ebenfalls sehr zu empfehlen. *Mermaid* ist vielleicht zu bekannt, um noch erwähnt werden zu müssen, aber sie sollte niemals vergessen werden, wegen ihrer blaßgelben Blüten, flach und jede für sich geöffnet, und wegen ihrer späten Blütezeit, die erst einsetzt, wenn die meisten anderen Kletterer ihren Zenit überschritten haben. Ich möchte noch hinzufügen, daß Bewohner der kalten Gebiete bei *Mermaid* auf der Hut sein sollten.

Bei einer so reichen Auswahl ist es schwer, alle zu erwähnen, die eine Erwähnung verdient haben, aber auf jeden Fall muß ich *Allen Chandler* anführen, von wunderbarem Rot und nur halbgefüllt, die den ganzen Sommer hindurch blüht. Es ist sicher keine Rose für ein Haus aus neuen Ziegeln, aber vor grauem Stein oder weißer oder überhaupt jeglicher bunter Tünche unübertroffen. Wenn Sie sich eine weiße Rose wünschen, mit einem Hauch von Rosa, mit süßem Duft, die noch dazu kräftig ist und selten keine Blüten trägt, dann sollten Sie *Mme. Alfred Carrière* ausprobieren, am besten an einer sonnigen Wand, doch auch für westliche und sogar nördliche Ausrichtung noch geeignet; soll es eine gelbe, eine sehr tief gelbe Rose sein, dann pflanzen Sie *Lawrence Johnston*, von der wir allerdings sagen müssen, daß auf die erste üppige Blüte zumeist nicht mehr viele Blüten folgen.

Schließlich sollten wir nicht vergessen, daß die meisten der beliebtesten Teehybriden auch als Kletterer erhältlich sind, sogar die meiner Ansicht nach schrecklich grobe, aber immer beliebte *Peace*.

Ich habe in dieser Kolumne einmal über eine kleine Rasenfläche geschrieben, die ich aus veredelten Sorten des gemeinen kriechenden Thymian angelegt hatte. Dieser Artikel jedoch soll von den anderen Sorten handeln, die zu buschig oder zu drahtig für diesen Zweck sind. Ein schmales Beet an einer sonnigen Stelle, sagen wir vor einem Schuppen oder einer Hauswand, in dem verschiedene Thymiansorten wachsen, bietet sicher einen entzückenden Anblick, duftet betörend und erfreut die Bienen. Thymian hat den Vorteil, daß er kargen, steinigen Boden vorzieht, wie man ihn oft an Baustellen findet, wo die Bauarbeiter Bauschutt, Mörtel und Sand abgeladen haben; an Stellen, an denen anspruchsvollere Pflanzen nicht wachsen, wenn wir nicht zuerst mit großer Mühe den ganzen Schutt wieder entfernt haben.

Diese Überlegung wird sicher den praktischen Gärtner mindestens ebenso ansprechen wie die eher romantischen Assoziationen, die wir mit Thymian verbinden. Wir haben inzwischen vermutlich vergessen, daß »thymianduftend« ein Ausdruck war, mit dem die alten Griechen einen besonders eleganten literarischen Stil belegten; oder daß die Damen im Mittelalter einen Thymianzweig mit einer Biene stickten, als Symbol für Mut, den ein Absud aus Thymian gibt, und Tatkraft, wofür die Biene steht; oder daß genau dosierte Einnahme von Thymian die Fähigkeit verlieh, Feen zu sehen; oder daß empfohlen wurde, »bey Hektick oder Lethargie« Thymian zu verabreichen, der noch dazu von Alpträumen und Melancholie befreien sollte.

Angeblich gibt es vierundzwanzig verschiedene Thymiansorten, aber nur wenige Gärtner werden in ihrem Beet Vollständigkeit anstreben.

In dem schmalen Beet meiner Vorstellung, sagen wir, nicht breiter als einen Meter, sollte ein halbes Dutzend Arten ausreichen. Vorne würde ich niedrigwüchsige Sorten anpflanzen, *Thymus pseudolanuginosus*, den grauen wolligen Thymian, und *T. herba-barona*, auch Kümmelthymian genannt, weil er in früheren Zeiten durchaus auch als Speisewürze Verwendung fand.

Hinter diese niedrigwüchsigen Sorten würde ich die strauchartigen setzen. Den goldenen Thymian, *T. citriodorus Aureus*, den silbrigen, *T. citriodorus Silver Queen*, die beide nach Zitrone riechen, wie ihr Name ja schon andeutet, sowie *T. praecox*, einen heidekrautartigen, kleinen Strauch, und *T. nitidus*, ungefähr einen Fuß hoch, mit lila Blüten.

Alle diese Sorten kann man als Pflanzen, manche auch als Samen kaufen, sie sollten im März oder frühen April gesät werden; angeblich jedoch riechen die zitronenduftenden noch süßer, wenn sie aus Ablegern oder kleinen bewurzelten Teilen gezogen werden, die jederzeit zwischen Mai und September geschnitten werden können. Es ist also noch nicht zu spät, um um überzählige Reste zu bitten oder bei einem Züchter zu bestellen, wenn man noch in diesem Herbst pflanzen will. Darf ich noch anregen, daß es in den frühen Monaten des Jahres Vergnügen und Farbe schenken wird, wenn Sie dazwischen kleine Zwiebeln von Frühlingsblütern setzen?

Eine der schönsten der im frühen Herbst blühenden Knollengewächse ist zweifellos die Bogenlilie. So wird sie gemeinhin genannt, botanisch dagegen ist sie bekannt als *Cyrtanthus purpureus* oder *Vallota speciosa*. Wie die Belladonnalilie gehört sie zur Familie der Amaryllidaceae und stammt aus Südafrika. Sie gilt zumeist als Topfpflanze für ein kühles Gewächshaus, und ihre Robustheit ist immer wieder angezweifelt worden. In den 1880er Jahren bemerkte William Robinson, daß die Freilandzucht dieser Pflanze mehr Sorgfalt erfordere, als ihr bisher erwiesen worden sei. 1915 notierte Mr. E. A. Bowles, er habe sie drei Jahre hintereinander mit Erfolg im Freien gezogen, bis ein feuchter Herbst und ein kalter Winter seine ganze Zucht dermaßen erbarmungslos vernichteten, daß er nie mehr einen neuen Versuch wagte. Dies alles legt den Schluß nahe, daß wir sie an die wärmste zugängliche Stelle setzen sollten, wenn wir sie im Freien pflanzen wollen, zum Beispiel vor eine Südwand. Sie sollte dann

ziemlich tief, vielleicht achtzehn Zentimeter, eingegraben, großzügig mit Sand umgeben und im Winter mit Farn oder Kieferzweigen bedeckt werden. Wie die Belladonnalilie weiß sie Wasser zu schätzen, wenn die ersten Blätter kommen, in ihrer Ruhezeit von November bis März oder April indessen sollte sie trocken gehalten werden, ein Rat, der sich leichter befolgen läßt, wenn sie in Töpfen unter Glas wachsen kann. Im Garten könnte eine Glocke die Lösung sein.

Die Haltung in Töpfen ist kein großes Problem, häufiges Umtopfen ist nicht erforderlich, und sie scheint sich in übervölkerten Töpfen, die eigentlich zu klein für eine so dicke Zwiebel sein sollten, besonders wohl zu fühlen.

Ihre Farbe wird zumeist als Scharlachrot oder helles Scharlachrot beschrieben, aber das finde ich irreführend, fast so irreführend wie das botanische Adjektiv *purpureus*. Scharlachrot mag die offizielle Benennung auf den Farbtafeln der Royal Horticulture Society sein, aber diese Farbe läßt mich eher an den Uniformrock eines Gardisten oder die Zonalpelargonie denken, die ja nicht umsonst Grenadier heißt. Wenn wir von dem Unterschied zwischen einer harten Substanz und einem durchscheinenden Blütenblatt absehen, dann können wir getrost von Korallenrot sprechen. Ich habe beides nebeneinander gehalten, und wenn sich um diese Jahreszeit noch eine vereinzelte Blüte der Zierquitte *Chaenomeles* zeigte, was manchmal vorkommt, dann würden wir wohl kaum einen farblichen Unterschied finden. Doch auch diese *Chaenomeles*-Variante wird als scharlachrot bezeichnet, und deshalb stimme ich mit den Autoritäten ganz und gar nicht überein, und dabei werde ich auch bleiben.

Am letzten Sonntag habe ich die noch recht neue Methode erwähnt, mörtellose Mauern aus Torfblöcken zu errichten. Diese Vorgehensweise wird vermutlich vor allem den fortgeschrittenen oder fortschreitenden Gärtner ansprechen, der kleine, wählerische Pflanzen anbauen möchte, die Kalk verabscheuen und extrem säurehaltigen Boden verlangen.

Eine solche Mauer, die zwischen zwei und vier Lagen hoch sein kann, bauen Sie, indem sie jede Lage einige Zentimeter weiter nach hinten setzen als die untere und den Raum dahinter dann mit einer üppigen Mischung aus verrotteter Lauberde, Torf und Knochenmehl füllen. Denken Sie daran, daß diese Füllung zunächst noch absinken wird, legen Sie sich also einen Vorrat zum Nachfüllen zu. Wenn Sie Ihre Mauer nicht gegen einen Hang stützen können, dann können Sie sie, wenn Sie wollen, als Viereck, als Kreis oder als Rechteck anlegen. Das gibt Ihnen eine Mauer in jeder Windrichtung, an denen sie die Pflanzen ihren Bedürfnissen gemäß verteilen können. Ramonden zum Beispiel sollten immer nach Norden hin wachsen; Enzian (*Gentiana*) dagegen zieht eine Mittelstellung vor, die ihm tagsüber einigen Sonnenschein gibt, der jedoch nicht zu erbarmungslos werden darf.

Dann kommt der aufregende Moment, in dem Sie Ihre Pflanzen setzen. Sie haben sie sicher in Töpfen von einem Züchter geholt, einige blühen schon, und das bringt Ihnen das seltene Vergnügen, sofort eine Wirkung zu sehen. Außerdem können Sie sie vor dem Einpflanzen an verschiedenen Stellen ausprobieren und sich ein Bild von Farbeffekten und Zusammenspiel machen.

Was Sie pflanzen, hängt natürlich von Ihren persönlichen Vorlieben ab, aber ich würde zu einer großzügigen Portion von herbstblühendem Enzian raten, dessen blaue Trompeten sich vor dem dunklen Torfhintergrund hervorragend machen. *Lithospermum diffusum Grace Ward* (Steinsame), eine Hängepflanze von fast ebenso intensivem Blau, blüht fast den ganzen Sommer hindurch und sollte frei über der Mauer hängen dürfen. *Mertensia echioides* (Blauglöckchen) ist, an kühlen Stellen, im Sommer ebenso blau, und einige der kleineren Primeln wie *Primula frondosa* und *P. farinosa* mit ihren mehligen grauen Blattrosetten und winzigen rosa Blütenköpfen sind in kleinen Gruppen dazwischen von entzückender Wirkung.

Die bekannte *P. rosea* mit ihrem tieferen Rosa sollte bald Knollen bilden, die lila *P. marginata* mit ihren seltsamen gezackten Blättern bietet eine farbliche Abwechslung. Ehrgeizigeren Gemütern rate ich zu *P. vialii*, die eine Höhe von ungefähr fünfundvierzig Zentimetern erreichen können und wunderschöne Blüten tragen, spitz wie walisische Hauben, aber rot und lila, nicht schwarz.

An der flachen Oberfläche würden einige Zwergsträucher sicher einen interessanten Kontrast bilden. Wieder gilt hier der persönliche Geschmack. Es gibt niedrigwüchsige Azaleen und Rhododendren, es gibt die große Familie der *Erica* oder des Heidekrauts, es gibt die entzückende *Andromeda polifolia* (Lavendel- oder Rosmarinheide), die etwas über dreißig Zentimeter hoch wird, wie eine Miniaturkalmie (Lorbeerrose), deren Blüten jede aussehen wie eine winzige Sonnenhaube aus Chintz; es gibt einen hübschen, im Frühling blühenden Strauch mit dem ungerechten Namen *Menziesia ciliicalyx* var. *purpurea*, mit einer tiefrosa Blüte, die im Herbst Farbe ins Beet bringt; es gibt *Gaulnettya Wisley Pearl*, die im

Frühling weiße Blüten trägt und später rote Beeren entwikkelt; und schließlich möchte ich noch auf *Daphne blagayana* hinweisen, eine meiner Lieblinge, teilweise wegen ihres starken, süßen Geruchs.

Diese Seidelbastart hat lange, holzige Schößlinge, die mit Holznägeln befestigt oder mit Steinen beschwert werden sollten, nachdem man in den Stengel an der Stelle, wo er in den Boden gedrückt werden soll, einen schrägen Schnitt gemacht hat. Dort wird sich im Laufe der Zeit eine seesternförmige Knolle mit einem Umfang von fast einem Meter bilden.

Ich möchte noch auf einige Ideen zurückkommen, die ich aufgeschnappt habe, als ich unterwegs war. Wir lernen sehr viel, wenn wir uns die Gärten anderer Leute ansehen. Mir fielen unter anderem folgende Rosen auf: *Rosa Independence*, mit ihrer schwer zu beschreibenden Farbe, vielleicht ein wenig wie mit Grau leicht bestäubtes Tomatenrot. Sie müßte eigentlich gut zur kupferroten Polyantha-Rose *Fashion* passen, einer sehr wirkungsvollen Rose. Ihr fehlt die Feinheit der *R. Independence*, im Beet oder als Schnittblume macht sie jedoch recht viel her. Inzwischen gibt es eine ganze Bandbreite der kupferrotorangefarbenen Rosen, *Orange Sunblaze* und *Opéra* empfehlen sich gleichermaßen. Wer ein feines, reiches Gelb mit besonders süßem Duft sucht, wird *Fortune's Double Yellow* ebenso hinreißend finden, wie das bei mir der Fall ist. Was ich wirklich für einen Druckfehler halten muß, ist die Tatsache, daß ihr im Katalog nur ein X für Duft zugebilligt wird, meiner Ansicht nach verdient sie drei.

Es gibt auch die zweifarbigen Rosen, gelb auf der einen Seite des Blütenblattes, rotorange auf der anderen, was einen außergewöhnlich leuchtenden Effekt hat. Sie ähneln der alten Strauchrose *Austrian Copper*, Rosenzüchtern sehr vertraut, aber oft auch ein Moment der Verzweiflung, da sie für allerlei Schädlinge anfällig ist; aber auch dem umwerfenden Strauch-Kletterer *Réveil Dijonnais*, den ein mir bekannter Gärtner starrköpfig als Revil Die-Johnny bezeichnet. Diese Sorte sollte häufiger gepflanzt werden, denn sie ist äußerst ansehnlich und blüht in regelmäßigen Abständen während des ganzen Sommers. Leider hat sie einen schlimmen Fehler: Sie verbleicht zu einem wahrhaft entsetzlichen kränklichen Zartlila, und wenn Sie keine Zeit haben, um jeden Morgen die absterbenden Blüten zu entfernen, dann sollten Sie lieber darauf verzichten.

Wenn Sie jedoch, so wie ich, die zweifarbigen Rosen lieben und etwas Zuverlässigeres in derselben Farbe wollen als *Austrian Copper*, dann sollten Sie es mit *Sultane* und *Madame Dieudonné* versuchen.

Ich sehe, daß dieser Artikel sich in eine Symphonie aller wilden Abendrottöne verwandelt hat, in eine Art Westhimmel nach einem stürmischen Tag. Die Abendfarben passen im Garten, anders als am Himmel, nicht immer gut zueinander. In einem Garten sollten sie von den Nelken getrennt werden und wenn möglich ihren eigenen Bereich haben. Ich weiß, daß sich heutzutage nur wenige Gärten diese Extravaganz leisten können, aber ich kann mir doch eine Abtrennung durch eine Hecke vorstellen, hinter der nur das Glühen der blutorangegelben Rosen zugelassen wäre.

Seit zwei oder drei Jahren versuche ich, eine Pflanze namens *Tropaeolum polyphyllum* aufzustöbern, die ursprünglich aus Chile stammt. »Aufstöbern« ist in der Tat das richtige Wort, denn sie vergräbt sich so tief im Boden, daß sie einfach nicht mehr wiederzufinden ist. Alle Bemühungen, aus dem Garten einer Freundin, wo sie wie Unkraut gedeiht, eine Knolle zu übernehmen, waren vergeblich, sie brach einfach ab, und der Hauptteil der Knolle ist jetzt vermutlich irgendwo halbwegs zwischen Kent und den Antipoden unterwegs. Nun habe ich aber innerhalb einer Woche zwei Anzeigen von zwei verschiedenen Gärtnereien gesehen, eine bemerkt, »aus irgendeinem Grund ist diese Pflanze heute sehr selten geworden«.

Das sollte wirklich nicht so sein, denn diese zur Familie der Kapuzinerkresse gehörende Pflanze ist sehr schön und dekorativ, sie blüht im Juni in langen, kriechenden hellgelben Trompeten, die fast einen Meter aus den graugrünen Blättern herausragen. Ich kann sie nicht schöner beschreiben als einer der sie anbietenden Gärtner: »Sie ist mit ihren graugrünen Blättern und ihren Blütengirlanden von wunderbarer Wirkung.« Das ist wirklich der Fall. Ich muß an goldene Schlangen vor meergrünem Hintergrund denken. Die ideale Pflanzstelle müßte eine mörtellose Mauer in einem Cotswoldgarten sein, wo sie ihre Wurzeln in kühle Spalten schmiegen und ihre Blütengirlanden als goldene Wasserfälle über eine kleine vertikale Klippe dieses schönen Steins schlingen könnte. Sie würde sich aber auch in einem Steingarten gut machen, sie braucht Stein geradezu als Hintergrund und ist deshalb für Beete oder Rabatten nicht so gut geeignet.

Die Moral dieser Vorliebe für tiefes Wurzeln ist, solche Pflanzen von Anfang an tief zu setzen, mindestens dreißig bis fünfzig Zentimeter. Ich stelle mir vor, daß sie wie ihre Verwandte *Tropaeolum speciosum*, die flammenfarbene Kapuzinerkresse, die in Schottland so gut und in England so wenig gedeiht, nichts gegen ab und zu ein wenig Schatten hätte. Machen Sie sich keine Sorgen, wenn sie während des Winters ganz und gar verschwindet; im Frühling taucht sie dann wieder auf. Sie hat außerdem die angenehme Angewohnheit, sich mit allem zu verschlingen, was in der Nähe wächst, und an den überraschendsten Stellen wiederaufzutauchen.

Eine nützliche, im September blühende Klematis ist *Clematis flammula*. Ich würde nicht empfehlen, sie an eine wichtige oder auffällige Stelle zu setzen, ihre vielen kleinen Blüten sind absolut nicht aufsehenerregend, aber an einem groben Schuppen oder Gerätehaus freuen sich Vorübergehende sicher über ihren moderigen Geruch. Für diese Klematis spricht, daß sie auch an Stellen gedeiht, wo es niemals Sonne gibt, selbst an einer grausam dunklen Nordwand bietet sie ein Bild der Zufriedenheit. Es gibt eine blaßrosa Variante, die sich vielleicht besser macht, aber mit dieser habe ich noch keine Erfahrung gemacht.

Ein Punkt oder Ausrufezeichen ist in einem Garten oft von extremer Bedeutung, etwas, das den Blick fängt und die Aufmerksamkeit an eine wichtige Stelle lenkt. Zu diesem Zweck könnte nichts effektiver sein als eine irische Eibe, deren aufrechte, kompakte Haltung sie zur Zypresse unseres Landes gemacht hat. Sie kann über viele Jahre hinweg so adrett und schlank wie eine Zypresse gehalten werden, wenn ihre Zweige von früher Kindheit an sorgfältig eingebunden werden, bis sie dann ihre endgültige Höhe von sechs Metern und mehr erreicht hat. Schon der sehr junge, noch keine zwei Meter hohe, spitze Baum sieht angenehm erwachsen aus, ein Eindruck, der sicher seiner dunklen Erscheinung und seiner ernsten, aufrechten Haltung zu verdanken ist.

Ist die Geschichte seiner Herkunft zu bekannt, um hier noch einmal wiederholt zu werden? Offenbar fand vor fast zweihundert Jahren ein Mr. Willis auf seinem Pachthof in den Hügeln von Co. Fermanagh Setzlinge einer Variante unserer normalen einheimischen Eibe *Taxus baccata*. Mr. Willis erkannte sofort den Unterschied. Er behielt einen seiner beiden Setzlinge, den anderen brachte er seinem Großgrundbesitzer auf Florence Court, wo dieser bis heute überlebt hat, die matriarchale Ahne aller irischen Eiben, die jetzt in den Baumschulen auf Ihre Bestellung warten.

***

Der gutinformierte Leser mag an dieser Stelle einwenden, daß die ersten jungen Bäume zu Beginn dieses Jahrhunderts wildwachsend in Sussex gefunden wurden, doch niemand wußte, wie sie dort hingekommen waren. Es handelte sich um männliche Bäume, und wer kann wissen, ob sie nicht aus irgendeinem Garten entwischt waren?

Als wichtiger Hinweis für alle, die Eibenbäume oder -hekken in ihrem Garten haben und feststellen, wie eine Art häßlicher schwarzer Ruß ihre Bäume überzieht, möchte ich hier darauf hinweisen, daß diese Infektion sich kurieren läßt, indem man die Bäume im September und März mit einer Mischung aus Lampenöl und Nikotin einsprüht. Ein schuppiges Insekt verbreitet sie, das auf der Unterseite der Blätter als winziger brauner Fleck zu erkennen ist und dessen Exkrement die zu Recht »Rußfäule« genannte Fäule verursacht. Ein befallenes Blatt fühlt sich an wie die Werkzeuge eines Schornsteinfegers. Das Exkrement selber heißt Honigtau – schlimm, daß ein so hübsches Wort eine so unappetitliche Bedeutung angenommen hat.

Die Schuppen sollten so schnell wie möglich verschwinden, und wenn die Eiben schon ernsthaft gelitten haben, müssen sie erst wieder aufgepäppelt werden. Trockenes Blut oder ein spezieller Eibendünger namens Taxus bieten sich an, Sie können aber auch um jede Pflanze im April, Mai und Juni eine Handvoll salpetersaurem Natron und Sand streuen. Das ist aber wohl eher anregend als nährend. Die Mixtur darf keinesfalls Stamm oder Blätter berühren.

Nachdem ich über die irische Eibe geschrieben hatte, fiel mir ein, daß manche durchaus Vorurteile gegen Eiben hegen. Sie assoziieren sie mit Beerdigungen. Das ist natürlich nicht ganz an den Haaren herbeigezogen, Eiben werden nun einmal oft auf Friedhöfen angepflanzt, und gegen Vorurteile lassen sich auch keine Einwände machen. Für alle also, die in ihrem Garten keine Eibe wollen, möchte ich einen Ersatz vorschlagen, den irischen Wacholder *Juniperus communis Hibernica* oder *virginiana Fastigiata*. Er hat die gleiche aufrechte, säulenähnliche Gestalt und macht sich gut als Punkt oder Ausrufezeichen, wie ich sie als Blickfang empfohlen habe, ist aber durch seine blaugrüne und ein wenig leuchtende Farbe weniger streng und düster. Ich mag alle düsteren Bäume, vielleicht weil ich einen Hang zur Melancholie habe; auf jeden Fall mag ich den dunklen Hintergrund, den sie bilden, der mich an italienische Zypressen und spanische Schirmkiefern erinnert.

Wacholder hat viele Vorteile. Zum einen liebt er Kalk, was bedeutet, daß Besitzer von Gärten mit alkalischem, kalkreichem Boden ihn voller Optimismus pflanzen können. Was nicht bedeutet, daß er anderswo nicht wächst. Ich habe einen Kriechwacholder gesehen, der auf Moorboden in Schottland wuchs und sich munter in einer baumbestandenen Gegend unter Gelbbirken verbreitete. Ich nahm einen Arm voll toter Zweige mit nach Hause und benutzte sie als verbrennbare Schürhaken für meinen Kamin, ich schwenkte sie im Zimmer umher wie alte Lavendel- oder Rosmarinzweige, und ihr Geruch war so nachhaltig wie Weihrauch, aber zugleich viel frischer und weniger schwer. Ich hielt diesen Wacholder für *J. horizontalis*, offenbar die einzige Art, die keinen Kalkboden bevorzugt, erfuhr dann aber auf genauere Nachfrage, daß ich es mit dem ganz normalen Wacholder zu tun hatte, der während des Winters von Wild und Kaninchen abgenagt worden war.

Unter den bleichen Gelbbirken zog er sich als wunderschöner, starrer dunkler Teppich dahin. Kleine sickernde Bäche boten natürliche Bewässerung. Ihre Wasser rieselten wie berstende Perlen über die flachen Steine. Sofort wünschte ich mir nicht einen mehr oder weniger gesitteten, sondern einen restlos ungezähmten Garten, umrahmt von wildem Waldland. Ich will mich aber über meinen Garten wirklich nicht beschweren. Er ist eigentlich das, was ich will, und ich bin mit ihm zufrieden, außer in den Momenten, in denen er mich zur Verzweiflung treibt und in denen ich mir einen ganz, ganz anderen Garten ersehne, einen Garten in Spanien, einen Garten in Italien, einen Garten in der Provence, einen Garten in Schottland.

Man kann nicht alles haben und darf nicht zu gierig sein. Und da ich an meinem mehr oder weniger gesitteten Garten hänge, möchte ich den irischen Wacholder allen empfehlen, die sich einen klaren Blickfang wünschen. Ein solcher Blickfang ist von architektonischem Wert und noch in kleinsten Gärten von großer Bedeutung.

Kreuzkraut im üblichen Sinne des Wortes ist ein Gewächs, das eigentlich nur das Entzücken von Kanarienvögeln erwecken kann. Wellensittiche fallen ebenfalls gierig darüber her, die armen Wichte wissen nämlich nicht, daß zuviel Kreuzkraut bei ihnen zum falschen Zeitpunkt die Mauser auslöst. Gärtner rotten die Art, die mit Recht *vulgaris* genannt wird, aus, wo sie nur können.

Kreuzkraut, oder botanisch *Senecio*, ist eine Gattung von reicher Variantenbreite und vielen Eigenheiten. Es gibt mehr als fünfzehnhundert verschiedene Spezies auf der ganzen Welt, was es zur größten bekannten botanischen Familie macht. Es läßt seinen Samen durch Autoreifen und Soldatenstiefel und früher auch in den Futtersäcken von Pferden weitertragen, so daß die Pflanzen einer Spezies, die eigentlich für die Hänge des Ätna gedacht waren, sich heute auch in Bombentrichtern und an Bahndämmen in England finden. In den zen-

tralafrikanischen Gebirgen erreicht das Baumkreuzkraut eine Höhe von mehr als sechs Metern und dominiert damit die Landschaft. Wer Mr. Patrick Synges hinreißendes Buch *The Mountains of the Moon* gelesen hat, erinnert sich sicher an die Abbildungen dieser beunruhigenden Pflanze. Ich finde es beruhigend, daß sie sich in unserem Klima nicht einleben könnte.

Doch es gibt immerhin mindestens zwei für den Septembergarten geeignete Formen von Kreuzkraut. Die eine ist *Senecio clivorum*, auch *Ligularia dentata* genannt. Diese Art ist recht bekannt: Sie hat hübsche Blätter, und ihre Blüten ähneln großen orangefarbenen, sternförmigen Margeriten. Sie ist ziemlich rauhe Verhältnisse gewohnt und wird deshalb zumeist in wilde, vernachlässigte Ecken des Gartens verbannt, vor allem an feuchte Stellen, denn sie liebt Feuchtigkeit, gedeiht aber auch sonst überall, sogar im Schatten. Ich würde sie anspruchsvollen Gärtnern niemals ans Herz legen, aber alle, die im Frühherbst ein wenig helle Farbe mögen, so wie ich, werden sie zu schätzen wissen. Sie verträgt sich gut mit der normalen orange blühenden Montbretie und dem gelben, strauchartigen *Hypericum* (Johanniskraut), mit Fackellilien und einigen Dahlien und Gladiolen. Eine solche Kombination kann wirklich einen umwerfenden Anblick bieten. Ich wünschte, ich hätte mehr Platz, im *Observer*, meine ich, nicht in meinem Garten, dort habe ich mehr Platz, als ich bewältigen kann. Ich lasse mich mitreißen, baue unmögliche Luftschlösser und muß mich zusammenreißen und auf das Wesentliche beschränken.

Das nächste Wesentliche ist *Senecio tanguticum*, eine weitere Kreuzkrautart, die mir ein befreundeter Gärtner mit der Warnung zukommen ließ, daß es sich sehr gern breitmacht. Das fand ich beunruhigend. Ich dachte, es könnte sich auf eine Weise breitmachen, die mir gar nicht lieb wäre. Aber da hatte ich mich geirrt! Ich hätte mich auf den Geschmack meines Freundes verlassen sollen, statt es in eine abgelegene Ecke zu pflanzen. Es ist nämlich wunderschön, mit seinen spitzen Blüten von bestem Buttergelb, es ist elegant und hervorragend für Blumenarrangements im Haus geeignet.

Letzte Woche habe ich zum Anpflocken von *Daphne blagayana* geraten, einer Pflanze, die eine solche Behandlung wirklich verlangt, weil sie sonst verkümmert. Und dabei fiel mir ein, wie befriedigend diese Art der Verbreitung doch sein kann. Ich nehme an, daß alle Nelkenzüchter irgendwann einmal seitliche Ausläufer mit dicken Haarnadeln in eine Sandgrube gelenkt haben, aber Amateurgärtner scheinen oft nicht zu wissen, wie viele Sträucher und Kletterpflanzen sich zum Hervorbringen von Ablegern eignen. In kurzer Zeit können wir auf diese Weise eine richtige Baumschule aus kleinen, bewurzelten Ablegern zusammenbringen, ohne Kosten und mit sehr geringer Mühe.

Möglich ist das jederzeit, vor allem aber empfehlen sich Herbst und Frühling. Anders als beim Schneiden von Ablegern, bei dem auch den Fachleuten immer wieder einiges eingeht, wurzeln die beim Absenken entstandenen Ableger fast immer. Wie ich es bei *Daphne blagayana* erklärt habe, so wird an der Stelle, wo der Stengel im Boden befestigt werden soll, ein schräger Einschnitt gemacht, dann wird der Stengel mit Erde bedeckt und mit einem Stein befestigt.

Noch besser wäre es, einen Blumentopf in ein Loch zu setzen, mit guter Erde zu füllen und die Einschnittstelle hineinzupressen. Wenn der bewurzelte Ableger dann nach etwa einem Jahr von der Mutterpflanze getrennt werden kann, kann der Topf, ohne seinen Bewohner zu stören, aus dem Boden genommen werden, was besonders wichtig ist bei Pflanzen, die auf Störungen gereizt reagieren, wie z. B. die Clematis.

Geißblatt (*Lonicera*) senkt manchmal auf eigene Faust ab, das sollten Sie bedenken, wenn Sie Ihre Vorräte vergrößern wollen. Auch Azaleen werden zumeist auf diese Weise vermehrt, allerdings dauert es seine Zeit, bis eine junge Pflanze eine brauchbare Größe erreicht hat. Es ist nicht immer möglich, einen Trieb zum Boden zu lenken, ohne ihn abzubrechen, doch dieses Problem kann dadurch gelöst werden, daß wir einen Topf auf die benötigte Höhe bringen, mit Hilfe einer alten Holzkiste zum Beispiel, wobei wir den Topf keinesfalls austrocknen lassen dürfen. Das ist die leichteste Methode zur Vermehrung von Magnolien, deren seitliche Zweige zumeist recht hoch am Stamm ansetzen und oft zu brüchig und zu wenig flexibel sind.

Ich glaube, die ersten Sträucher mit der Neigung zur Selbstabsenkung, die meine Aufmerksamkeit erregten, waren der würzig duftende *Calycanthus occidentalis* (Gewürzstrauch) und *C. floridus* (Karolina-Nelkenpfeffer). Beide empfehlen sich für sonnige Stellen, denn ihre braunroten Blüten entwickeln sich im Juni und blühen dann bis in den September hinein. Ich ziehe *C. occidentalis* vor, denn er ist zwar auswuchernder als *C. floridus*, doch seine Blüten sind röter und die Blätter riechen aromatischer, wenn sie zerstoßen werden.

Sie bevorzugen lehmigen Boden, und ich sollte vielleicht noch darauf hinweisen, daß sie für Vieh giftig sind.

Ein leicht sehnsüchtiger Brief bittet mich, Pflanzen für den Steingarten zu empfehlen, die im August blühen. Meine Leserin muß mir einen gewissen Spielraum zubilligen, ich möchte Juli und September ebenso einbeziehen, denn Pflanzen halten sich niemals genau an den Kalender. Vieles ist situationsgebunden, es kommt auf die Lage an, die Witterung, die Häufigkeit von Sonnenschein und Regen, und es gibt noch Dutzende von anderen wichtigen Faktoren. Wir können nur grob kalkulieren, aber immerhin können wir eine kurze Liste aufstellen.

Ich kann vielleicht erraten, welche Probleme meine Leserin hat. In den frühen Monaten ist ihr Steingarten vermutlich sehr bunt, aber die Farben verblassen, wenn Mai und Juni vorüber sind. Ich fürchte, wenn sie keine sehr erfahrene und kenntnisreiche Gärtnerin ist – doch dann würde sie mich sicher nicht um meinen Rat bitten –, wird sie im Hochsommer niemals dieselbe explosive Farbenpracht genießen können wie im Frühling. Aber sie braucht deshalb nicht den Mut zu verlieren, wenn sie sich mit einigen Stellen zufriedengibt, die sie voller Freude und Stolz betrachten kann, auch wenn die sich nicht mit den Farbseen vergleichen lassen, die ihre Freunde früher im Jahr so lautstark gelobt haben.

Sie grämt sich über die trüben Monate Juli und August. Sie möchte etwas, das ihren Steingarten während dieser Zeit vor noch weitergehender Trübseligkeit bewahrt. Und da gibt es durchaus Hilfe. Es gibt die im August und September blühenden Enzianarten, die ich immer wieder gern empfehle, wenn ihnen kalkfreier Boden geboten werden kann. Es gibt die leuchtend rote *Zauschneria californica* (Weidenröschen), eine hinreißende scharlachrote Kriechpflanze, es gibt die hübsche kleine *Calceolaria biflora* (Pantoffelblume), die sich im Halbschatten besonders wohl fühlt, es gibt die malvenfarbene *Linaria alpina* (Leinkraut), die sich leicht aus Samen ziehen läßt und die zwischen Juni und September ununterbrochen blüht. Die Hängepflanze *Gypsophila repens* (Schleierkraut) mit ihrem rosa Schaum aus winzigen Blüten, die sich in einer grauen Blättermatte fast verstecken, blüht noch tief in den Juli hinein, und das gilt auch für die kleinen Büschel der *Aethionema Warley* (Steintäschel) und die Kissen des röteren *Erinus alpinus* (Alpenbalsam). *Oenothera pumila*, die kleine gelbe Nachtkerze, blüht im Juli, hält aber oft bis zum August durch. *Origanum dictamnus*, der Kretische Dost, ist vielleicht nicht unbedingt eine Steingartenpflanze, aber seine Masse aus lila-rosenroten Blüten zwischen wolligen grauen Blättern ist im August und September doch nicht zu verachten, und eine Pflanze mit einem so romantischen Namen wie Kretischer Dost muß doch unwiderstehlich sein. Das kleine blaue *Allium cyaneum* (Zierlauch) ist elegant und nützlich und paßt meiner Ansicht nach gut zur grasähnlichen *Festuca glauca*, deren metallisch-blaue Fäden fast dreißig Zentimeter hoch zu einer kompakten Dolde zusammenwachsen. Dieses Schwingelgras ist so dekorativ, daß ich nicht verstehe, warum es nicht häufiger angepflanzt wird.

Alle hier erwähnten Pflanzen sind pflegeleicht; doch wenn meine Leserin größeren Ehrgeiz hegt, dann sollte sie es mit *Cyananthus lobatus* oder *C. integer* probieren, beide blau, beide aus dem Himalaja, beide Pflanzen, die hellen, laubreichen Boden oder sandigen Boden verlangen. Sie sind aber nur für Gärtner zu empfehlen, die zu zusätzlicher Arbeit bereit sind.

Schließlich sehe ich keinen Grund, warum sich im Steingarten nicht auch Miniatur-Buschrosen befinden sollten. *Rosa Roulettii* ist vermutlich die bekannteste, doch auch viele andere erhalten sich über eine lange Saison hinweg ihre kleinen perfekten Knospen und ihre Blüten. Und warum nicht *Clematis alpina* pflanzen? Sie macht sich im Frühling am besten, aber im Herbst erwacht sie zu einem zweiten Leben. Diese blaßlila Pflanze kriecht über Steine, klettert aber auch an Hecken empor.

Dieser Artikel richtet sich an die vom Glück begünstigten Bewohner eines freundlichen Klimas: Cornwall, Devon, die schottische Westküste oder Teile von Wales und Irland, denn der blühende Baum, der letzte Woche meine Aufmerksamkeit erregte, ist in Gärtnereikatalogen mit einem dieser unheilschwangeren kleinen Sternchen versehen, das bedeutet: »nicht besonders robust«. Die Rede ist von *Lagerstroemia indica*, manchmal auch Kreppmyrthe genannt, obwohl ihre flauschigen rosa, roten oder weißen Blüten wirklich nichts Kreppartiges an sich haben. Ich weiß nicht, wie es zu diesem unpassenden Namen kommen konnte.

Paternoster- oder Zedrachbaum hingegen paßt genau zu seinem Träger, einem munteren kleinen Baum, der angeblich bis zu zehn Meter hoch werden kann, wenn auch die Exemplare, die ich in Italien am Straßenrand gesehen habe, es höchstens auf vier Meter brachten, gerade so hoch, daß wir sie genießen können, wenn wir unsere Blicke ein wenig heben. Ich empfehle diesen Baum mit einem Hauch von Zurückhaltung, weil ich glaube, daß nur ein vollkommen sonniger Sommer ihn hierzulande zu voller Blüte bringen könnte. Er müßte an einer Wand wachsen, die ihm Schutz und zusätzliche Sonnenwärme geben würde, und dürfte nicht frei stehen, wie in seiner Heimat. Er mag lehmigen Boden und sollte im Winter beschnitten werden.

Was mir außerdem auffiel, war das Mittelmeerheidekraut, *Erica erigena*, das in der ungewöhnlichen Form eines Hochbäumchens gepflanzt wird. Ich fand es lustig, Heidekraut so zu ziehen, als adrettes Bäumchen und nicht als wucherndes Gebüsch. Es stand nicht in Blüte, aber ich konnte mir sehr gut vorstellen, wie es wohl im März und April aussieht: ein Flausch von Rosa auf einem geraden Pfahl. Ein wenig künstlich, gut, aber die Italiener sind ein phantasievolles Volk und lieben jeden Scherz. Ich überlegte mir, daß vier von diesen Hochbäumchen, einer an jeder Ecke eines rechteckigen Blumenbeetes, sich als kleine Wachtposten gut machen müßten, sie brauchen nicht viel Platz und sind, ob sie nun blühen oder nicht, das ganze Jahr hindurch grün. Auch auf den Seiten eines Pfades, der dadurch zu einer kleinen Allee würde, wären sie sicher dekorativ.

Erica erigena hat, anders als die meisten anderen Heidekrautsorten, nichts gegen eine Prise Kalk im Boden einzuwenden, obwohl Torf natürlich vorgezogen wird. Wer solchen Boden hat, könnte auch den weißblütigen Baum *Erica arborea* so behandeln; er wird viel größer, über drei Meter bisweilen, doch er ist ein wenig empfindlich und sollte deshalb für die wärmeren Grafschaften reserviert werden.

Wie unkooperativ Pflanzen doch sind, sie wollen sich einfach nicht auf unseren Wunsch hin versetzen lassen. Im Garten von Freunden sehen wir genau die Pflanze, nach der wir schon lange vergeblich suchen. Gärtner untereinander sind normalerweise sehr großzügig, und sofort wird uns ein »bewurzeltes Stück, wenn ich im Herbst teile« versprochen, doch meistens trifft dieses bewurzelte Stück niemals bei uns ein. Das liegt nicht am bösen Willen, sondern einfach an purer Vergeßlichkeit. Wir könnten natürlich hinschreiben und uns in Erinnerung bringen, aber entweder ist uns das doch zuviel Mühe, oder wir haben die Sache selber vergessen. Wieviel leichter wäre alles, wenn wir das Objekt unserer Begierde sofort einpacken und mitnehmen könnten.

Manchmal läßt sich das durchaus machen. Erfahrene Gärtner vertreten die Theorie, daß es weniger eine Rolle spielt, *wann* wir eine Pflanze versetzen, sondern *wie* das geschieht. Bis zu einem gewissen Punkt stimme ich da zu. Ich glaube nicht weiter an das Geheimnis der grünen Finger; ich glaube, jeder Finger, alle acht, oder alle zehn, wenn wir die Daumen mitzählen, muß auf irgendeine Weise mit dem Informationszentrum in unserem Gehirn verbunden sein. Mit anderen Worten, wir können uns nicht auf einen fröhlichen, optimistischen Instinkt verlassen, der von keinerlei Wissen unterstützt wird. Der erfahrene Gärtner weiß, daß er die soeben freigelegten Wurzeln sofort bedecken muß, und sei es mit einer Seite der Tageszeitung, zum großen Ärger aller, die sie noch nicht gelesen haben. Alles ist besser, als daß die faserigen Wurzeln an der frischen Luft austrocknen. Sie werden sofort bedeckt oder eingewickelt, und der erfahrene Gärtner nimmt auch sein Taschentuch oder reißt einen Hemdzipfel ab, wenn er nichts anderes hat. Ich habe sogar gesehen, wie eine Handvoll feuchtes Gras oder Blätter um die Wurzeln gewickelt und mit Bindfäden befestigt wurden. Dann wird der Gärtner mit seinem Schatz nach Hause eilen und ihn einpflanzen, er wird ihn wässern, wenn er glaubt, der Schatz habe Durst, und auf jeden Fall wird er ihn während der ersten Tage, bis die Pflanze sich erholt hat, vor der Sonne schützen. Ein umgestülpter Blumentopf bietet einen einfachen Schutz für jede kleine Pflanze oder jedes bewurzelte Stück.

Natürlich will ich die Mär von den grünen Fingern nicht gänzlich leugnen. Hinter jeder Sage steckt schließlich ein wahrer Kern. Aber ich bin davon überzeugt, daß die meisten Ammenmärchen über die Oma, bei der einfach alles wuchs, egal, wie sie es pflanzte und wie grob sie damit umsprang, auf gesundem Menschenverstand und sorgfältiger Beobachtung der Natur basierten. Oma hatte bestimmte Grundprinzipien absorbiert, nicht aus Büchern, sondern weil sie gesehen hatte, wie Pflanzen sich verhalten und was sie brauchen. Ihre Wissenschaft hilft uns nicht in jedem Fall, jedenfalls nicht so weit, wie es der modernen Forschung möglich ist, aber immerhin hat sie uns ein gutes Stück weit über den richtigen Gartenweg geführt.

Ich würde gern, mit oder ohne Erlaubnis, zwei aufeinanderfolgende Artikel über die Rose schreiben, die heute *Rosa floribunda* genannt wird. Es ist einfach ein zu weites Feld, um es in einen Artikel zu quetschen, denn die Floribundarosen werden sich zweifellos als sehr wertvoll erweisen. Wir kannten sie oder ihre Vorfahren als Polyantha-Rosen, doch unsere Bekanntschaft beschränkte sich zumeist auf die Mitglieder der Poulsen-Familie: auf die vielen Töchter namens *Karen*, *Kirsten*, *Else* und sogar *Else's Rival*, angeblich eine Verbesserung der Else, was sicher unter den jungen Poulsen-Damen zu allerlei Ärger Anlaß gegeben hat. Schwestern sind nicht immer einer Meinung, und daß ihre Schwester als ihre Rivalin bezeichnet wurde, hat Elsa sicher nicht so leicht schlucken können.

Die Poulsens gelangten bald zu großer Beliebtheit. Kein neuer Villengarten war ohne sie denkbar. Sie hatten ihre Qualitäten, ihre unleugbaren Qualitäten. Sie blühten ununterbrochen und sahen sehr gut aus. Und wie gut sie aussahen! Hellrosa, hellrot, sie waren so unumgänglich, wie sie allgegenwärtig waren. Wir sahen sie überall, bis wir diesen Anblick restlos satt hatten. Wir sind jetzt über sie hinaus und verfügen über eine weitaus größere Auswahl.

Die Floribundarosen weisen alle Qualitäten der alten Polyantha-Rosen auf, haben aber dazu noch einige neue erworben. Wenn Sie sie noch nicht ausprobiert haben, dann sollten Sie das sofort nachholen. Wie gesagt, ich werde zwei Artikel schreiben, der erste behandelt die einfarbigen. Wenn

Sie ein reiches Rot wünschen, dann sollten sie *Frensham*, *Dusky Maiden*, *Betty Prior* und *Alain* pflanzen. Soll es ein schönes Gold sein, dann nehmen Sie *Goldilocks*, ist eine große rosa Blüte gefällig, dann empfiehlt sich *August Seebauer*, die mir eine Überraschung lieferte, als sie im Juni explodierte und dann weiter ihre wunderbaren Blüten produzierte, die sich mit den graugrünen Blättern des strauchigen kalifornischen Mohns *Romneya coulteri* vermischten, eine perfekte Kombination von Rosa und Grau. *August Seebauer* ist nicht so bekannt, wie sie es verdient hätte, deswegen möchte ich sie Ihnen ganz besonders ans Herz legen.

Und wo ich schon von den einfarbigen Floribundarosen rede: Es gibt auch noch die kleine *Fashion*, deren spitze krabbenrosa Knospe einfach entzückend ist. Doch ebenso entzückend ist sie, wenn die Knospe sich zu einer niemals vulgären, leicht duftenden weiten Blüte öffnet. *Fashion* ist ein Herzchen, eine Floribundarose für alle, die bei einer Rose Form, Farbe und Feinheit zu schätzen wissen.

Und hier möchte ich meine Bemerkungen über die Floribundarosen fortsetzen. Letztesmal habe ich mich auf die einfarbigen Rosen beschränkt, die dunkelroten, die rosa, die gelben, und meinen seltsam krabbenrosa kleinen Liebling *Fashion*. Heute möchte ich einige der ausgefallenen Mischungen vorstellen, die ebenfalls zu dieser Art gehören.

Masquerade zum Beispiel. *Masquerade* scheint inzwischen recht bekannt zu sein, was mich nicht überrascht. Sie ist ein wahrer Blickfang mit ihren dicken rosa, roten, gelben und orangefarbenen Blütendolden, alle am selben Stengel und zur selben Zeit, so, als könne sie sich nicht entscheiden, welche Farbe ihr die liebste ist, weshalb sie alle auf einmal ausprobieren möchte. Das Resultat ist farbenprächtig wie eine Flagge: Man hat schon fast das Gefühl, daß sie in den stolzen heraldischen Begriffen von gülden und herzblutfarben prangen solle, statt in schnödem Gelb und Rot. Sie ist von energischem Wuchs und scheint gegen viele der Probleme, mit denen andere Rosen zu kämpfen haben, immun zu sein, gegen Mehltau und Stockflecken und die restlichen Mitglieder des scheußlichen Stammes von Sporen und Blattläusen, die wir in ihre Schranken weisen müssen. In *United Nations* findet *Masquerade* eine Gefährtin. Ich mag *United Nations* nicht so sehr, aber ich kann sie doch empfehlen. Sicher hat sich irgendein Spötter für diese Rose mit den vielen Farben einen solchen Namen ausgedacht.

Vor vielen Jahrhunderten wurden in Persien drei verschiedenfarbige Rosen auf einen Strauch aufgepropft, aber ich kann meinen knapp bemessenen Raum hier nicht an diese romantische Geschichte vergeuden.

Ich möchte statt dessen auf einige der Floribundarosen zurückkommen, die wir jetzt bestellen und mit Erfolg in unseren Gärten anpflanzen können. Nämlich auf die *Pinocchios*. Ich stelle sie mir immer als eine Familie aus Vätern und Söhnen vor, so, wie die Poulsens für mich eine Familie von Schwestern sind. Fragen Sie mich nicht, warum. Es gibt *Pinocchio* persönlich, rosa, mit dichten Blütendolden. Er hat eine zentrale Blüte, um die sich viele kleinere Blüten drängen, so wie Küken um die Henne, nur ist er eben ihr Vater und nicht ihre Mutter. Er trägt zu Recht den Namen *Pinocchio*, was auf italienisch »Tannenzapfen« bedeutet, und das läßt doch an etwas liebevoll Verpacktes denken, zum Ankuscheln, wie Papa (oder sollte ich sagen, Babbo) Pinocchio das für seine Familie ist. Er hat einen Sohn namens *Lavender pinocchio*, braunlila, wie ein Bluterguß am dritten Tag. Manche finden ihn morbide, ich mag ihn sehr, aber ich habe eben einen ausgefallenen Geschmack. *Yellow pinocchio* ist ein fröhlicherer kleiner Sohn, ein munterer Knabe, gegen den niemand etwas haben könnte. Und es gibt auch eine weiße jungfräuliche Tochter, ich habe sie noch nicht gesehen,* aber sie klingt so entzückend wie ihre beiden Brüder. Sie heißt *White pinocchio*.

Wir nutzen unsere höheren Stockwerke längst nicht gut genug aus. Das Erdgeschoß ist eben der Boden, die gute flache Erde, die wir mit allen Pflanzen vollstopfen, die wir haben möchten. Wir pflanzen auch einige Kletterer, die die Fenster des ersten Stocks erreichen, und wir legen andere vielleicht über einen Laubengang, aber damit endet zumeist unsere Phantasie. Wir vergessen zu leicht, daß die Natur auch noch höhere Gefilde anbietet, die wir mit langen Girlanden erreichen können. Diese Girlanden bestechen durch ihre durchscheinende Schönheit, wenn sie in der Luft baumeln.

Was ich damit meine, kurz gesagt, sind Pflanzen in Bäumen:

Efeu (*Hedera*) zum Beispiel. Ich liebe den anhänglichen Efeu, der sich als dunkle, nachlässige, staubige Masse voller

* Das hat sich inzwischen geändert, und ich finde sie hinreißend.

alter Vogelnester, die dringend ausgemerzt werden sollten, an die Wände klebt. Wie Milton zu Recht bemerkt hat, verdorrt Efeu niemals. Und sein aufdringliches staubiges Immergrün geht uns dann nur noch auf die Nerven. Ich würde vorschlagen, statt dessen eine andere Efeusorte um einen Baum zu legen, wo es weißgrün oder goldengrün locker von den Zweigen hängen und im Licht fast durchscheinend wirken kann. Ich weiß, mir wird jetzt vorgehalten werden, daß Efeu Bäume erstickt, und vielleicht muß ich mir auch anhören, daß nur eine Giraffe etwas von diesem Anblick hätte, aber ich möchte diese Empfehlung trotzdem loswerden.

Und wir müssen uns durchaus nicht auf Efeu beschränken. Wuchernder Wein bietet sich ebenfalls an. Die riesigen, wappenförmigen Blätter des *Vitis coignetiae*, die im Herbst zu einem tiefen Rosa werden, verblüffen uns durch ihre reiche Karneoltönung, zierlich geädert und rosig wie die gespitzten Ohren eines Schäferhundes. Falls Ihnen Farbe im Juni-Juli lieber ist als im Oktober, dann gibt es noch den erstaunlich energischen Kletterer *Actinidia kolomikta* (Kiwi), der mit einem rein grünen Blatt anfängt, das dann weiße Streifen und eine rosa Spitze entwickelt und Betrachter verwirrt, die diese Färbung für eine neue Form von Krankheit halten. Katzen mögen diese Pflanze, und ich auch, obwohl ich keine Katzen mag.

Je mehr sorgfältig gepflegte Gärten ich sehe, um so mehr geht mir auf, wie wichtig diese Pflege ist. Die Größe des Gartens hat damit nichts zu tun; groß oder klein spielt keine Rolle, solange Liebe und Wissen vorhanden sind.

Die meisten unter uns Amateurgärtnern neigen dazu, eine Pflanze zu setzen und sie dann ihrem Schicksal zu überlassen, was sehr oft zum Tod der Pflanze und zu unserer Enttäuschung führt. Gute Gärtner, die Gärtner, die wissen, was sie tun, geben sich sehr viel mehr Mühe. Sie bereiten erst den Boden vor, sorgen dafür, daß er zu der Pflanze paßt, die er aufnehmen soll; später sehen sie immer wieder nach ihr, geben ihr in trockenen Zeiten zu trinken, verwöhnen sie während der ersten Monate ihres jungen Lebens, pflegen sie in ihren mittleren Jahren und vernachlässigen sie nicht einmal dann, wenn sie ein reifes Alter erreicht.

Ich habe zum Beispiel festgestellt, daß abgemähte Grashalme durchaus nützlich sein können. Sie werden als dünne Decke über Beete gestreut. Dünn muß diese Decke sein, denn wenn sie zu dick ist, wird es darunter zu heiß, deshalb sollte sie nicht mehr als fünf oder sieben Zentimeter messen. Solche Decken haben einen dreifachen Vorteil: Sie halten Unkraut fern, sie speichern Feuchtigkeit, und sie fügen dem Boden Humus zu, wenn sie verrotten und ihre Substanz in die Erde zurückkehrt, aus der sie stammen. Fast keiner Pflanze im Garten ist nicht mit einer solchen Decke gedient – sie empfiehlt sich für blühende Beete und blühende Bäume, für krautartige Pflanzen in Rabatten, für Rosen, für alles und jedes. Nur Lilien bilden eine Ausnahme.

Im Herbst sollte der Boden unbedingt bedeckt werden. Mit Lauberde und Kompost … ich weiß, daß sich am Kompost die Geister scheiden. In der Theorie bestreitet niemand seinen Wert, aber viele meinen, daß er viel zuviel Mühe und Zeit verlangt. Ich weiß auch, daß ich in meinem eigenen Garten noch keinen perfekten Kompost aus dem Bilderbuch

erzeugt habe; ich habe noch nicht einmal meinen Gärtner veranlaßt, einen anzulegen; wie sollte ich da also widersprechen? Kompost sollte aus den richtigen Zutaten bestehen und wissenschaftlich einwandfrei wie ein riesiges Butterbrot in Schichten aufeinandergelegt werden, er muß umgedreht und gewässert und gelüftet werden; aber da die meisten Gartenbücher Anleitungen darüber geben, brauche ich das hier nicht zu wiederholen.

Wenn Sie keinen Kompost haben, dann sind auch Knochenmehl oder Huf und Horn im Herbst zu empfehlen. Einige Hände voll lassen sich leicht verteilen und sind ein wirklicher, langsam wirkender Nährstoff, kein Stimulans. Heftige Stimulantien sind oft auch gefährlich, sie rufen ein rasches Wachstum hervor, während die Pflanze langsam von unten her aufgebaut werden muß und wir keine sofortige, dramatische Wirkung erwarten sollten, sondern eine, die wir erst nach Monaten bemerken werden.

Bei kurzfristigen Dingen, wie den Setzlingen von Einjährigen, können Sie dagegen einen Dünger verwenden, der »ihnen auf die Sprünge hilft«.

Das sind nur einige kurze Überlegungen zu einem weitreichenden Thema. Das Prinzip jedoch bleibt immer dasselbe: Sie können von Ihrem Boden und Ihren Pflanzen nicht erwarten, daß sie Ihnen ihr Bestes geben, wenn Sie keine Gegenleistungen erbringen. Das gilt für Gärten ebenso wie für zwischenmenschliche Beziehungen.

Und ansonsten wünschte ich mir, ich hätte einen riesigen Komposthaufen von der Farbe eines üppigen, dunklen Schokoladenkuchens, den ich in Schubkarrenladungen verteilen könnte.

Während wir uns überstürzen, um in letzter Sekunde die Sträucher zu bestellen, die wir uns in den längst vergangenen glücklichen Monaten Mai und Juni notiert hatten, sollten wir auch an den Prestonflieder *Syringa Prestoniae* denken, ehe es zu spät ist.

Ich muß zugeben, daß ich nichts über Miss Isabella Preston aus Ottawa weiß, ich kenne nur ihren Namen, ihren Ruhm als Flieder- und Lilienzüchterin und die aufregenden Kreuzungen, die ihr zwischen *Syringa villosa* und *Syringa reflexa* gelungen sind. Ich wünschte, ich wüßte mehr. Sie muß eine großartige Gärtnerin sein, eine wahre Spezialistin, die ihr ganzes Leben ihrer Arbeit widmet – wie beneidenswert, einen solchen Entschluß zu fassen, wie weise, sich auf ein Fach zu konzentrieren und alles darüber zu wissen, statt sich wie Konfetti über hunderttausend Dinge zu verstreuen und zu verzetteln. Solche Gründlichkeit und solcher Wissensreichtum führen uns zurück ins Mittelalter, als noch die Muße gepflegt wurde. Ich stelle mir Miss Preston als eine Dame mit einem großen Strohhut vor, die mit einem Paket von Etiketten, einem Notizbuch und einer Hasenpfote an einem Bambusstab umherschreitet.

Möglicherweise ist das ganz falsch, aber mein Eindruck von Miss Prestons Flieder ist jedenfalls nicht falsch. *Elinor*, 1951 mit einem Award of Merit ausgezeichnet, ist ein wunderschöner Strauch mit großen, aufrechten Rispen in tiefem Rosa, die sich zu einem bleicheren Farbton öffnen, wie es in der gesamten Fliederfamilie üblich ist. Bisher habe ich in meinem Garten nur *Elinor* angepflanzt, so daß ich mich eigentlich über andere nicht äußern kann; doch die ebenfalls mit einem Award of Merit ausgezeichnete *Isabella* wird viel gelobt, und das gilt auch für *Hiawatha*, rötlich-lila zu Anfang, später von blassem Rosa.

Alle Preston-Hybriden sollen energisch wachsen und gelten als so robust, wie man das bei dem rauhen Klima, aus dem sie stammen, ja auch erwartet. Ob Ihnen der alte Gartenflieder mit seinen im Regen triefenden Dolden lieber ist oder ob Sie die lässige Eleganz der Preston-Hybriden den fetten Quasten mit ihrem vagen Geruch vorziehen, den wir mit unserer Kindheit assoziieren, müssen Sie selber entscheiden.

Sie sind nicht billig, aber eine gute Investition in unser zukünftiges Vergnügen. Und wir sollten doch niemals eine vernünftige Ausgabe für etwas scheuen, das uns über Jahre hinaus wachsende Freude bringen wird? Eine Flasche Whisky ist bald leer und kostet mehr als zwei oder drei Pflanzen von dauerhafter Schönheit.

Für den Amateurgärtner gibt es wirklich kein amüsanteres Spielzeug als ein kleines Gewächshaus. Es braucht nicht unbedingt beheizt zu werden, wenn man sich mit Pflanzen zufriedengibt, die die winterlichen Fröste nicht scheuen, deren zarte Blütenblätter aber von heftigem Regen oder Hagel zerstört werden. Solche Pflanzen gedeihen besser unter Glas, diesem durchsichtigen Baldachin, der Licht passieren läßt, die unfreundlichen Fluten von oben jedoch aussperrt.

Sicher haben inzwischen viele Besitzer solch kleiner Gewächshäuser daraus eine Art Alpenhaus gemacht und sie mit Schalen winterblühender Zwiebeln wie dem kleinen Krokus und früher Iris gefüllt. Es gibt so viele davon, sie sind so leicht zu ziehen und bieten in den dunklen Tagen einen entzükkenden Anblick. Im Mittwinter ins Gewächshaus zu gehen und diese eleganten kleinen Gewächse in voller Blüte auf den Regalbrettern stehen zu sehen bedeutet für uns einen großen Schritt auf den ersehnten Frühling zu und wiegt uns in dem Glauben, die kalten, toten Monate lägen bereits hinter uns.

Die flachen Schalen, die solche Schätze enthalten können, sollten jetzt unverzüglich gefüllt werden. Machen Sie nicht meinen Fehler vom letzten Jahr, nämlich die Krokusse zu geizig zu setzen. Ich hatte gedacht, sie würden hübscher aussehen, wenn sie mehr Entfaltungsfläche hätten, aber das war ein Irrtum. Sie müssen dicht aneinandergequetscht werden, so dicht, wie das überhaupt nur möglich ist, Zwiebel an Zwiebel oder wie die Heringe in der Tonne. (Ich rede hier natürlich von der Spezies Krokus in ihren Hybriden, nicht vom normalen Gartenkrokus.) Die kleinen Irissorten andererseits, zum Beispiel *Iris reticulata*, brauchen ausreichend Platz, um in voller Freiheit ihre hübschen Köpfe erheben zu können. Ihre Zwiebeln sollten mindestens zwei Zentimeter auseinander gesetzt werden.

Krokus und Iris bieten sich an, um uns im Winter Freude zu bringen, aber ich würde auch gern noch etwas empfehlen, das unter Glas im Mai entzückend aussieht. Wir haben im Mai allerdings im Freien eine solche Blumenfülle, daß wir uns nicht auch noch mit einer Topfpflanze abgeben mögen. Aber hier erfolgt trotzdem meine Empfehlung. Es geht um eine Orchidee namens *Pleione pricei*. Orchidee, das klingt schwierig und teuer und weit außerhalb unserer Reichweite, aber diese hier ist leicht und ein schöner Anblick für Augen, die zu sehen wissen. Sie wächst auch im Freien, in einer Nische des Steingartens, denn sie ist äußerst robust. Aber Regen und Hagel sind nicht gut für sie und zerstören die Blüten, die gerade dann ihren Höhepunkt erreichen, deshalb ist es angeraten, sie in einem Topf oder einer Schale zu ziehen. Sie stammt aus Formosa [Taiwan], mag eine Mischung aus Lauberde, Sand, Lehm und Torf und darf niemals austrocknen.

Wenn dieser Artikel erscheint, bin ich hoffentlich weit weg, in dem wunderschönen Teil Frankreichs, in dem die Dordogne, der Lot, der Tarn und die Ariège fließen, aber ehe ich aufbreche, möchte ich noch einem schnellen, wenig verwendeten Kletterer meine Reverenz erweisen, dem Hopfen (*Humulus*). Hier in Kent, wo ich wohne, gibt es riesige Hopfengärten, und zwischen der letzten August- und der dritten Septemberwoche genießt und erleidet unsere Grafschaft die Cockney-Invasion von Hopfenpflückern, ebenso pittoresk wie die Traubenlese in südlichen Ländern. Doch leider holt die Modernisierung auch dieses altehrwürdige Fest ein, und inzwischen reißen auf vielen fortschrittsfreundlichen Höfen riesige Geräte von der Größe der Dreschmaschinen die zarten Blüten mit Krallen aus scharfem Stahl von ihren Ranken.

Aber darüber wollte ich eigentlich gar nicht schreiben. Ich wollte Besitzern einer groben, vielleicht einer Dornen- oder Liguster- oder überhaupt jeglicher alter Hecke, die sich nur mit Kosten und Mühe ausgraben lassen würde, vorschlagen, sie mit einer ansehnlichen und ungewöhnlichen Pflanze zu tarnen, die während des Sommers durch die Hecke hindurch und über sie hinweg wächst – und warum nicht zum Hopfen greifen? Einige Hopfenpflanzen tauchten kürzlich per Zufall in einer solchen Hecke in meinem Garten auf, und ich habe sie voller Freude willkommen geheißen. Freiwillig hätte ich sie nicht gepflanzt; sie kamen von selbst, und dafür bin ich ihnen sehr dankbar.

Ich möchte nun ihre guten Eigenschaften aufzählen:

1) Sie wachsen so schnell wie alle kletternden Einjährigen, zum Beispiel die Prachtwinde *Morning Glory* oder *Cobaea scandens* (Prachtglocke).

2) Anders als diese beiden sind sie keine Einjährigen, sondern winterhart, weshalb sie jedes Jahr von neuem in die Höhe schießen.

3) Sie können über eine Laube gelegt werden, sie können Lücken schließen, während wir darauf warten, daß begehrtere Kletterer sich entwickeln; ich kann mir sogar vorstellen, daß ein nur mit Hopfen umrankter Laubengang einen sehr schönen Anblick bieten würde. Hopfenblätter sind äußerst elegant, die Blüten dagegen sind von derselben Schönheit wie eine hängende Dolde Muskattrauben, zugleich jedoch sind sie weniger schwerfällig.

4) Sie können aus den getrockneten Blüten Hopfenkissen machen, was eine gute Hilfe bei Schlaflosigkeit ist.

5) Schließlich, oder vielleicht hätte ich diese Information an die erste Stelle setzen sollen, können Sie im März oder April junge Hopfenschößlinge abpflücken und als Gemüse verwenden. Das schadet den Pflanzen wirklich nicht, denn jede Hopfenwurzel entwickelt wesentlich mehr Schößlinge, als sie tragen kann, die überflüssigen müssen also ohnehin weggeschnitten werden. Und diese werden einfach wegge-

worfen, was eine Verschwendung ist, doch nur wenige englische Hausfrauen oder Köche wissen, daß sie geschmacklich frischem Spargel ähneln.

Es war schon zu spät im Jahr, um auf meiner Reise in den Bergen oder in Italien viele wilde Blumen zu finden, aber immerhin waren in Frankreich die Wiesen vom Herbstkrokus zart lila gefärbt, während Wälder und Hänge im Apennin schüchterne rosa Sprenkel von Alpenveilchen zeigten. Es war verlockend, an vermeintlich grasgrünen Hängen vorbeizufahren, an denen das Gras sich bei genauerem Hinsehen als solider Teppich aus *Gentiana acaulis* darstellte. Ich traf mit einer Tasche voller Samen, Zwiebeln und Knollen in der Toskana ein; weiß der Himmel, ob sie im nächsten Jahr in England zur Blüte bereit sein werden und als was sich einige von ihnen entpuppen werden; doch zumindest eine leuchtende Blume brachte sich mir in Erinnerung und schien sich darüber beschweren zu wollen, daß sie in unseren Gärten nicht häufiger anzutreffen ist. Es handelt sich um *Sternbergia lutea*, den gelben Goldstern. Sie arbeiten nicht, auch spinnen sie nicht, aber sie sind von großer Schönheit, wie sie sich unter den schwarzen Zypressen, die das Bild des fernen Florenz einrahmen, als goldener Teppich dahinziehen.

Sternbergia lutea läßt sich leicht mit dem Krokus verwechseln. Aber der Goldstern ist weder ein Krokus noch eine Lilie, trotz seiner biblischen Assoziation; er gehört zur Amaryllis-Familie. Er ist von strahlendem Gelb, sieht lackiert aus wie eine Butterblume und erhebt sich krokusähnlich über seinen engen Blättern. Er mag reichen, kiesreichen, gut entwässerten Boden und soviel Sonne wie möglich. Er möchte nicht gestört werden, er möchte sich als Wurzelballen jahrelang entwickeln und hierzulande dabei im Winter ein wenig Schutz durch Farn oder alte Blätter genießen. In englischen Gärten ist er schon seit alter Zeit aufzufinden, erstmals erwähnt wurde er zur Regierungszeit Karls I. von John Parkinson; Parkinson bezeichnete ihn als »Große Herbstosterglokke«, aber natürlich ist er ebensowenig eine Osterglocke wie ein Krokus oder eine Lilie. Ich werde ihn immer so vor mir sehen, als goldenes Leuchten auf einer Florentiner Terrasse, unter den Zypressen, die die Kuppel des Duomo und den Turm des Palazzo Vecchio einrahmen, romantisch, in Flutlicht getaucht, der Lilienturm von Florenz.

Wie sehr doch die zu Terrassen angelegten Hügel des Südens unseren Neid erregen, denn es gibt nur wenige angenehmere oder befriedigendere Arten der Gärtnerei als diese. Die Pflanzen können zwischen den kühlen Steinen ihre Wurzeln in den Boden stecken und dort selbst in einer trockenen Phase jeden Tropfen Feuchtigkeit aufspüren, während sie vorne an der Mauer ihr Gesicht in die Sonne halten können. Ich schreibe das hier in Spanien und wünschte mir, ich könnte auch nur ein Stück einer solchen groben Mauer mitnehmen, die vermutlich viele hundert Jahre alt ist, jetzt, wo die Reblaus den Wein und der Frost des letzten Februars fast alle Oliven vernichtet haben, ist sie ein trauriger Anblick. Die Oliven treiben schon wieder neu aus, aber es wird wohl zehn Jahre dauern, bis sie wieder reichlich tragen werden.

Die Zeit ist gekommen, um die empfindlichen Topfpflanzen für den Winter unter Dach und Fach zu bringen. Sie haben uns während der Sommermonate soviel Freude gemacht, diese Töpfe mit duftenden efeublättrigen Pelargonien, die ganz lässig an unseren Eingangstüren oder in allerlei Ecken unseres Gartens standen, so daß wir morgens ein Blatt abzupfen und es in die Tasche oder ins Knopfloch stecken konnten. Ich weiß wirklich nicht, warum hierzulande nicht häufiger Topfpflanzen verwendet werden, vor allem in kleineren Gärten, in denen alle Fläche genutzt werden soll. Es ist so leicht, einen Topf hinzustellen, er braucht wenig Platz und macht wenig Mühe, schließlich muß er nur ausreichend oft gegossen werden.

Cottage- und Dorfbewohner scheinen sich in dieser Hinsicht auszukennen und wahrhaft grüne Daumen zu haben. Sie haben Pflanzen auf der Fensterbank, die jahrelang gedeihen, ohne Licht oder Zuwendung, so sieht es jedenfalls aus. Wir sollten uns alle ein Beispiel an den Dörflern nehmen und mehr Topfpflanzen ziehen, die im Sommer draußen stehen können und die wir dann ins Haus holen, sowie der Frost droht. Dann können sie in einem normal beheizten Zimmer auf der Fensterbank stehen, das reicht, um sie vor dem Erfrieren zu bewahren.

Jetzt ist auch die richtige Zeit, um Ableger von allen Lieblingssträuchern zu nehmen, um unseren Vorrat zu ergänzen. So ein Kindergarten aus kleinen bewurzelten Pflanzen, die munter vor sich hin wachsen und darauf warten, ausgepflanzt oder weggegeben zu werden, hat etwas sehr Befriedigendes. Sie entwickeln sich am besten in kleinen Töpfen oder Rahmenbeeten, bei denen es sich um nichts Ausgefeilteres handeln muß als um eine flache Holzkiste, die wir mit Glas oder Folie bedecken, bis die Wurzeln sich entwickelt haben. Sie können sich allerlei Mühe sparen, wenn Sie sich einen ablegerfreundlichen Kompost zulegen, der in jeder Gärtnerei oder Baumschule zu haben ist. Sie können ihn allerdings auch selber aus einem Teil Lehm, zwei Teilen Torf und einem Teil Sand herstellen. Dieser Kompost ist vor allem für jene Ableger geeignet, die unter Glas gezogen werden sollen, aber Sie werden feststellen, daß viele Ableger auch im Freien Wurzeln entwickeln, wenn Sie sie *sehr fest* (das ist wichtig) in einen flachen Graben setzen, den Sie mit einem Spatenstich herstellen und den sie dann mit grobem, scharfem Sand füllen. Sie dürfen bei dieser rauheren Methode nicht erwarten, daß aus jedem Ableger etwas wird, aber es lohnt sich selbst dann noch, wenn fünfundzwanzig von hundert überleben.

Und, nebenbei, eine Flasche eines Hormonpräparates kann Ihre Ableger mühelos anregen, die erwünschten Wurzeln schießen zu lassen.

Zwei Sträucher mit erstaunlich langer Blütezeit sind *Colutea arborescens* und *Colutea media*, die Blasensträucher. Sie haben fast den ganzen Sommer hindurch üppig geblüht und sind Mitte Oktober immer noch sehr dekorativ. Ich ziehe übrigens letzteren vor. *C. arborescens* hat gelbe Blüten; aber obwohl *media* vielleicht auffälliger ist, passen sie gut zusammen und ergänzen sich farblich. Elegant gewachsen mit ihren langen Zweigen voller akazienähnlicher Blätter, auf witzige Weise behangen mit den blasenhaften Samenkapseln, denen sie ihren englischen Namen verdanken (Blasensennes), erinnern die hellen kleinen Blüten an Schwärme von geflügelten Insekten. Sie sind ungeheuer pflegeleicht, fühlen sich an einer sonnigen Stelle am wohlsten und können auch einen trokkenen Hang verkleiden, an dem kaum andere Pflanzen gedeihen würden. Auch gegen kargen, steinigen Boden haben sie nichts einzuwenden. Sie sind leicht zu ziehen, entweder von Ablegern oder von Samen, und sie behalten ihr graziöses Aussehen, wenn sie im Februar vielleicht zehn Zentimeter über dem alten Holz beschnitten werden.

Es gibt auch *Colutea orientalis*, aber ich muß zugeben, daß ich nie ein entsprechendes Exemplar gesehen habe. Es hat die gleichen kupferroten Blüten wie *C. media*, eine Hybride von *arborescens* und *orientalis*, aber angeblich geizt es mit seinen Blüten und besticht vor allem durch seine graugrünen Blätter. Man könnte alle drei ausprobieren, vor allem an einer rauhen Stelle. Ich weiß, daß sie unter anspruchsvollen Gärtnern nicht gerade als die erste Wahl gelten. Spielt das eine Rolle? Ich finde sie ausgesprochen elegant, und alles, was bis Mitte Oktober blüht, kann ohnehin mit meiner Dankbarkeit rechnen.

Ich muß noch ein Wort der Entschuldigung hinzufügen. Vor Jahren habe ich in einem Artikel *Colutea arborescens* erwähnt, damals hatte ich ihn bei Bekannten im Garten gesehen. Ich beschrieb seine Blüten als bronzefarben. Aber in Wirklichkeit sind sie doch gelb. Sicher lag bei mir damals eine Verwechslung mit *Colutea media* vor. Ein dummer Fehler, und ich hoffe, wer ihn entdeckt, wird mir verzeihen.

Übrigens handelt es sich nicht um die Sorten, aus denen Sennesblättertee gemacht wird. Kinder können sie also ohne Mißtrauen betrachten und werden nur wenig Ermunterung

brauchen, um die Samenkapseln platzen zu lassen. Das macht genausoviel Spaß wie bei Fuchsien.

Wenn Sie im Herbst Farbe im Garten haben möchten, dann sollten Sie sich jetzt die lodernden Büsche und Bäume ansehen und Ihre Wahl treffen. Im Frühling und Sommer neigen wir dazu, die Herbsttage zu vergessen, doch wenn sie sich dann einstellen, mit ihrer Melancholie und ihren Spinnweben, die so elegant und geometrisch gezeichnet von den Hecken hängen, dann sind wir doch der Fackel eines kleinen Baumes oder dem leisen Glimmen der Azaleen- und Päonienblätter nur zu dankbar. Ich finde, diese Farben sollten sich auf einen Bereich des Gartens konzentrieren, am besten ein Stück entfernt, damit sie von den Fenstern aus als wildes, blutrotes Gewirr erscheinen.

Ein Besuch in der nächstgelegenen Gärtnerei kann viele Anregungen liefern. Ich selber würde als Hintergrund, wie schon einmal erwähnt, Hahnenweißdorn setzen, *Crataegus crus-galli*, davor dann die Scharlacheiche, *Quercus coccinea*, sie wächst langsam, prangt aber im Oktober/November in prachtvollem Rot. Wenn ich dann noch Platz hätte, würde ich dahinter *Koelreuteria paniculata* pflanzen; mit der Zeit wird daraus ein hoher Baum, der in unseren Gärten nur selten zu sehen ist und der um diese Jahreszeit eine verblüffende Pyramide aus Rosa, Gelb und Grün bildet. Vor das alles würde ich *Prunus sargentii* setzen, einen kleinen, hübschen Baum mit seinen rosa Blüten im Frühling, der im Herbst, wenn seine Blätter rot werden, noch reizvoller wird, vor allem dann, wenn Sie ihn an eine Stelle pflanzen, an der die frühe Morgensonne oder die späte Nachmittagssonne ihn bescheint und die Blätter durchscheinend aussehen läßt. Das ist sehr wichtig, finde ich, und alle Gärtner, die für den Herbst pflanzen, sollten daran denken: Es macht sich einfach gut, wenn Blätter im Sonnenlicht durchscheinend wirken. Ich würde schließlich ganz vorn noch eine Reihe von Herbstfarben setzen, kleine Bäume wie den torfliebenden *Disanthus cercidifolius*, dessen kleine runde Blätter wie Goldmünzen nach unten hängen; *Cornus kousa*, *Acer griseum* (Ahorn), *Nandina domestica*, *Euonymus alatus* (Pfaffenhütchen), ein äußerst leuchtendes Rosa; *Cotinus obovatus*, der Perückenstrauch, und den niedrigen, abgerundeten Busch *Berberis thunbergii*. Als Unterlage für die Front empfiehlt sich die entzückende kleine stachelige Rose *R. nitida*, die einen Teppich aus schwarzroten Blättern und Stengeln bildet, aus der Ferne vielleicht kein überwältigender Anblick, aus der Nähe jedoch sehr hübsch und ungewöhnlich.

An dieser Stelle möchte ich Mr. George Russell, der kürzlich im Alter von vierundneunzig Jahren verschieden ist, meine Reverenz erweisen. Mit zehn Jahren fing er als Gärtnerlehrling an und hat seither viele Jahre seines Lebens der Züchtung der Art gewidmet, die wir als Russell-Lupine kennen, mit ihrem bemerkenswerten Farbenspektrum, das sich von dem alten monotonen Blau so weit entfernt hat. Er muß ein reizender alter Herr gewesen sein. Ich bin ihm nie begegnet, aber er schrieb mir häufiger und schickte mir seine Gedichte. Ich wünschte, ich könnte sagen, seine Gedichte wären ebenso gelungen wie seine Lupinen.

Mein geschätzter Kollege, der Ex-Züchter und kühne Pflanzensammler Mr. Clarence Elliott, in der Gartenwelt berühmt, hat offenbar eine Aversion gegen das Unkrautjäten. Diese Aversion gilt nicht für von ihm behutsam und taktvoll durchgeführtes Jäten, sondern für die rücksichtslose und willkürliche Ausmerzung jeglicher Vegetation, die in einem kindlichen Stadium vom Aushilfs- oder sogar vom Profigärtner nicht erkannt wird. Kreuzkraut und Vogelmiere, oder auch die Setzlinge manch wertvoller Primel, alle fallen sie der Hakke zum Opfer, und alle wandern sie dann auf den Abfallhaufen. Das, wie Mr. Elliott zu Recht anmerkt, verhindert auf effektive Weise jegliches erwünschte Überleben. Er findet kein gutes Wort für die Verwendung der Hacke, er möchte lieber mit der Hand und seinem Lieblingswerkzeug, dem Pflanzenheber jäten. Ich stimme ihm manchmal aufs erbittertste zu. Aber wir können nur einen kleinen Bereich mit der Hand vom Unkraut befreien, mehr Zeit haben wir nicht. Was also ist zu tun?

Eine Antwort auf diese Frage wäre, daß der Gärtner erst an die Arbeit gehen darf, wenn wir selber durch unseren Garten gegangen und neben jede selbstgesäte Pflanze, die wir behalten wollen, ein Stöckchen in den Boden gesteckt haben.

Ich möchte ein praktisches Beispiel anführen. Der sehr gewöhnliche, aber in meinen Augen wunderschöne *Cotoneaster horizontalis* (Felsenmispel) sät sich selber voller Begeisterung aus und sucht sich dafür die seltsamsten Ecken. Kleine dunkelgrüne Fischgrätpflanzen lugen überall hervor und scheinen ein besonderes Talent dafür zu haben, sich die Stellen auszusuchen, wo sie am besten zur Geltung kommen, an die wir sie jedoch nie im Leben gesetzt hätten. Ein solcher kleiner Setzling tauchte einmal im rechten Winkel einer Eibenhecke auf, und ich ließ ihn stehen. Jetzt bildet er zu Füßen der Eibe einen wunderschönen grünen und scharlachroten Fächer, den jeder ordnungsliebende hackenschwingende Gärtner, wie Mr. Elliott sagen würde, verabscheuen würde, doch mir ist er wirklich ans Herz gewachsen.

Es bedeutet schon etwas, solche Setzlinge vor der Vernichtung bewahrt zu haben. Ich habe noch sehr viel mehr *Cotoneaster horizontalis* bewahrt, »kleiner Dreck, nur zum Wegwerfen geeignet«, und zwischen Azaleen an einer sanften Böschung gepflanzt. Sie haben zwei oder drei Jahre gebraucht, um eine gewisse Wirkung zu entfalten, aber jetzt breiten sie sich aus und sehen unter den flammendroten Azaleenblättern wunderschön aus. Ein rot- und großblättriger Wein klettert gegenüber an einer Mauer hoch, und darüber färbt eine Reihe *Prunus sargentii* sich rosa; es ist alles ungeheuer üppig und rötlich.

Ich möchte einige Bemerkungen über die Bibernell- oder Schottischen Rosen machen, sie sind so unglaublich hübsch, gefleckt und marmoriert, ein- und zweifarbig, und außerdem sind sie sehr pflegeleicht. Wie Mr. Edward Bunyard bereits erwähnt hat, gibt es keine bessere Bedeckung für eine trokkene Böschung, denn diese Rosen werden den Boden nicht nur mit ihrem dichten Wurzelgeflecht binden, sie werden sich auch unterirdisch verbreiten und immer wieder als kleine dornige Dschungel oder Dickichte zum Vorschein kommen und dadurch Unkraut abhalten. Sie sind ideale Pflanzen für kargen, erschöpften Boden oder für windige Stellen, an denen höhere, weniger zähe Gewächse nicht überleben könnten. Zu ihren Qualitäten gehört weiterhin, daß sie eine bezaubernde kleine Hecke ergeben können. Ihr einziger und zugegeben schwerwiegender Nachteil ist, daß sie nur einmal pro Jahr blühen, aber ihre Blätter bieten einen schönen Anblick, und wenn wir für diese Rose eine rauhe Ecke finden, zum Beispiel die von Mr. Bunyard erwähnte Böschung, dann können wir ihnen ihre nur so kurze Blütenexplosion im Juni doch verzeihen.

Aber es gibt eine Ausnahme zu dieser Regel der kurzen Blütezeit, nämlich *Stanwell perpetual*. Diese Rose ist nur eine halbe Schottische, nämlich eine Hybride von Schottischer und Damaszenerrose oder möglicherweise auch *R. gallica*; ich stelle mir gern vor, daß sie etwas von der *gallica* in sich hat, schließlich haben Frankreich und Schottland immer einen seltsamen Hang zueinander gehabt, das zeigt sich an ihrer Pfefferstreuer-Architektur und an bestimmten Ausdrükken, die aus der einen in die andere Sprache übergegangen sind: *Ne vous fachez pas*, dinna fash yoursel', und was Gerstenzucker oder *sucre d'orge* angeht, so könnte ich darüber ganze Artikel schreiben.

Aber das nur nebenbei. Hier soll es schließlich um die Rose *Stanwell perpetual* gehen. Ich habe diese bescheidene Rose, die das Adjektiv *perpetual* wirklich verdient hat, sehr liebgewonnen. Es ist leicht, sie im großen Blumenmeer des Frühsommers zu übersehen, doch jetzt im Oktober, wenn wirklich jede Blume kostbar ist, bin ich ihr dankbar, weil sie mir ihre muschelrosa, stark duftenden, mit Engelsgeduld hervorgebrachten Blüten anbietet, die zu meiner Freude in einem Glas auf meinem Tisch ihre Aufgabe sehr elegant erfüllen und die mein Zimmer mit einem so feinen Duft erfüllen, daß er mich sofort anhaucht, wenn ich die Tür aufmache.

Stanwell perpetual wird größer als die durchschnittliche Schottische Rose, nämlich bis zu einem Meter fünfzig. Sie ist eine Hybride, wie gesagt. Miss Nancy Lindsay, einer Expertin für alte Rosen, zufolge hat sie noch einen anderen Namen, nämlich *R. Victorian Valentine*. Dieser Name läßt an alte Valentinskarten denken – aber wie dem auch sei, ich fordere Sie wirklich auf, in Ihrem Garten *Stanwell perpetual* zu pflanzen, im Oktober wird diese Mühe sich bezahlt machen.

Eine Art Stift im leuchtendsten Orange fiel mir ins Auge, er war halb verborgen hinter einer Dolde *Berberis thunbergii*, die in etwa dieselbe Färbung angenommen hatte. Beide entfalteten im Sonnenschein des Spätnachmittags eine außergewöhnliche Strahlkraft. Ich konnte mich nicht mehr erinnern, ob ich sie ganz bewußt nebeneinander gepflanzt oder ob ein glücklicher Zufall sie zusammengeführt hatte. Genaueres Nachsehen ergab weitere »Stachel«, dreiseitige, weitgeöffnete Samenkapseln, in denen dicke Beerendolden zu sehen waren.

Es handelte sich um unsere einheimische *Iris foetidissima* in ihrem Herbstgewand. Unsere andere einheimische Iris ist die gelbe Ufer-Schwertlilie *I. pseudacorus*. Niemand würde *I. foetidissima* wegen ihres Namens pflanzen, der übersetzt »Stinkiris« bedeutet und dem unangenehmen Geruch zu verdanken ist, der beim Zerreiben der Blätter entsteht. Es besteht jedoch kein Grund, Blätter zu zerreiben, was ein müßiger Zeitvertreib ist, und wenn uns das lieber ist, können wir diese Iris Gladdon- oder Gladwyn-Iris oder sogar Roastbeef-Pflanze nennen. Einige Etymologen halten Gladdon oder Gladwyn für Verballhornungen von *Gladiolus*, da zwischen den schwertförmigen Blättern durchaus eine Ähnlichkeit besteht; aber ich wüßte zu gern, wie sie zu ihrem Roastbeefnamen gelangt ist.

Ihre Blüten sind klein, von trüber Malvenfarbe, sie sind weder wertvoll noch charmant, und pflücken sollten wir sie auch nicht, denn wir pflegen sie wegen ihrer Samenkapseln. Nicht, daß sie sehr viel Pflege brauchte, und außerdem gehört sie zu den liebenswerten Pflanzen, die auch im Schatten gedeihen. Die Mühseligen und mit schattigen Gärten oder schwierigen überschatteten Stellen Beladenen werden an dieser Stelle sicher aufhorchen. Die Samenkapseln machen sich im Haus schön als Dekoration im Spätherbst oder Winter, denn die Samen fallen nicht heraus, wenn die Samenkapseln platzen, und sie halten sich in einer Vase sehr lange. An einem trüben Abend bieten sie unter einer Tischlampe einen schönen, warmen Anblick. Miss Gertrude Jekyll schlug vor, den Strauß zuerst mit dem Kopf nach unten zu hängen, und ich glaube, daß sie damit recht hatte; sie hatte meistens recht und liebte ihre Experimente.

Ich möchte nun nicht behaupten, daß die orangefarbigen Beeren der Gladdon-Iris einen verfeinerten Strauß ergeben oder Blumenliebhaber mit elegantem Geschmack ansprechen; sie sind so grob, wie sie auffällig sind, sie sehen aus, als habe ein zufriedenes Kind sie nach nachmittäglichem Streifzug durchs Wäldchen ins Haus gebracht. Aber ihre leuchtende Farbe ist willkommen, ihre Grobheit läßt sich durch einige Zweige ihrer Gefährtin, der Berberitze, mildern. Und billig ist sie noch dazu.

Oft wird gegen viele der modernen oder »verbesserten« Varianten alter Blumen eingewandt, sie hätten ihren Duft verloren. In manchen Fällen ist dieser Vorwurf angebracht, in anderen nicht. Ich möchte in diesem Artikel auf die Gartenwicke eingehen. Jetzt ist dafür der richtige Zeitpunkt, denn im Oktober können wir noch die Samen in einem Topf aussäen, wenn wir sie im kommenden Frühling auspflanzen wollen.

Die eigentliche Wicke, *Lathyrus odoratus*, klein, mit einer Kapuze und durchaus nicht mit besonderer Schönheit oder Farbe versehen, wurde 1699 von einem Pater Cupani an Dr. Robert Uvedale geschickt, dem Direktor der Grammar School von Enfield, Middlesex. Über Pater Cupani weiß ich nichts; Dr. Uvedale, Schulmeister und Gärtner, scheint ein richtiges Original gewesen zu sein. Er besaß eine schöne Sammlung von ausländischen Pflanzen, die nach seinem Tod 1722 an Sir Robert Walpole verkauft wurden, der sie für seinen Garten in Houghton in Norfolk haben wollte. Über Dr. Uvedale heißt es, daß »seine Blumen von erlesener Qualität waren, er züchtete sie auf methodische und kuriose Weise«. In seiner Sammlung befand sich auch die spanische Wicke, in Süditalien und Sizilien heimisch, die ich hierzulande gern wieder in größeren Umlauf bringen würde.

Zweifellos bieten die *L. grandiflorus* und *Spencer-Hybriden* ein breiteres Farbenspektrum, größere Solidität und längere Stiele, aber ihnen fehlt der Duft, dem sie ihren englischen Namen »sweet pea« (süße Erbse) verdanken. Im Vergleich mit dem bescheidenen kleinen Wildling haben sie in dieser Hinsicht wirklich keinen Grund zum Prahlen. Wir müssen zugeben, daß die wilde Wicke nicht weiter auffällig ist, ihr Rosa und Lila ist reichlich verwaschen, und die einzelnen Blüten sind klein, doch sie sind von einer gewissen raffinierten Eleganz, und der Duft eines halben Dutzends nebeneinander ist verblüffend.

Leider finde ich sie in keinem einzigen Katalog.

Sogar mein Lieblingszüchter, der über dreitausend Artikel auflistet und bei dem die seltsamsten Pflanzen zu finden sind, hat mich in diesem Fall enttäuscht. Das scheint nach der heißen Empfehlung ein entmutigend negativer Schluß zu sein, und ich kann nur vorschlagen, daß eventuelle Bekannte in Italien (oder Spanien, wo diese Wicken ebenfalls wachsen) gebeten werden sollten, per Post ein Päckchen Samen zu schicken. Natürlich empfiehlt sich der Versuch nicht, sie an einer Bohnenstange wachsen zu lassen und alle Seitentriebe zu unterdrücken, sie müssen an verzweigtem Erbsenreisig wild wuchern dürfen, in einer ungenutzten, aber sonnigen Ecke des Küchengartens.

Am Ende ihrer Blütezeit säen sie sich selber, wodurch der Bestand gesichert ist. Ich weiß genau, daß sie hier auf unseren Inseln Fuß fassen und daß ihr Samen reift, denn ich habe sie ziemlich weit in Norwegen in einem privaten Garten gesehen und kann voller Freude berichten, daß ich eine großzügige Handvoll mitgebracht habe, die hoffentlich im nächsten Sommer in meinem Garten Blüte tragen wird.

Die Blätter verfärben sich, und wenn es bis zum Erscheinen dieses Artikels bereits den ersten Frost gegeben hat, dann sind viele von ihnen bereits verschwunden. In manchen Jahren ist ihre Schönheit flüchtig, aber wenn sie auch nur für eine Woche leuchten, dann lohnt es sich wirklich, Bäume und Sträucher zu pflanzen, die in ihrem plötzlichen Auflodern so verwirrend an das erste Leuchten des Sommers erinnern.

Von unseren einheimischen Bäumen verfärbt sich als erste die Wild- oder Vogelkirsche. (Ich sollte vielleicht das Wort »einheimisch« dadurch erweitern, daß sie möglicherweise vor zweitausend Jahren von den Römern bei uns eingeführt worden ist, aber nach zweitausend Jahren fragt sicher niemand mehr nach den Einbürgerungspapieren.) Wir brauchen nicht weiter darauf hinzuweisen, wie schön die Wildkirsche im Frühling aussieht, mit ihren großen weißen Bäuschen, die aussehen wie der Rauch einer Lokomotive, die aus unerfindlichen Gründen mitten im Wald unterwegs ist. Ihre Herbstfarbe ist nicht weniger sensationell, doch sie fällt nicht ganz so sehr auf, denn die Oktoberblätter der Waldbäume Eiche, Buche und Kastanie umgeben sie noch immer mit ihrem schweren Grün, so daß wir sie nur aus der Nähe oder aus der richtigen Fernperspektive entdecken.

Nur wenige können sich leider einen so großen Garten leisten, daß Fernperspektiven überhaupt möglich sind. Die Tage der Landschaftsgärtnerei großen Stils sind vorbei, die Tage von Repton und Capability Brown, und unsere größten Hoffnungen liegen nun in der Bepflanzung der Straßenränder, die den Behörden obliegt. Aber wir könnten es uns doch weiterhin leisten, unsere eigene Wildkirsche an eine ausgesuchte Stelle in die West- oder Ostecke des Gartens zu setzen. Ich sage Ost oder West, weil die rötlichen Blätter dann entweder Morgen- oder Abendlicht einfangen, Sonnenaufgang oder Sonnenuntergang. Wenn wir bedenken, daß die Wildkirsche ein einheimischer Baum ist und damit aus ihren eigenen Wurzeln wächst, ohne gepfropft werden zu müssen, dann kostet sie in Baumschulen erstaunlich viel, doch tatkräftige Landbewohner finden oft in Wäldern oder Hekken große Setzlinge oder Wurzelschößlinge, die den Wurzeln eines reifen Exemplars entspringen, und verpflanzen sie ohne Kosten und mit nicht allzugroßer Mühe. Über diese Mühe können sie sich mit der Vorstellung hinwegtrösten, daß ihr Wildling eine Lebenserwartung von mehr als einem Jahrhundert hat.

Das soll nun aber nicht als Aufruf verstanden werden, unsere Landgebiete ihrer wilden Pflanzen zu berauben, sondern vielmehr als Aufruf, die Wildlinge vor dem frühen Tod durch die Hände von Bauern und Holzfällern zu retten.

Die Vogelkirsche oder *Prunus avium* darf nicht mit der Traubenkirsche verwechselt werden, obwohl ihr lateinischer Beiname »von Vögeln« bedeutet. Die Traubenkirsche ist *Prunus padus*, wild ist sie eher im Norden als im Süden Großbritanniens anzutreffen. Es gibt auch eine kultivierte Form der Traubenkirsche: *P. padus Watereri*. Sie besitzt einen, wie meine Nase mir sagt, seltsam honigartigen Duft.

Vor kurzem bin ich in meiner Kolumne auf das figürliche Beschneiden von Bäumen eingegangen. Ich rechnete mit vorwurfsvollen Briefen, daß Eibe zu teuer und zu langsamwüchsig für den durchschnittlichen Gartenbesitzer sei. Deshalb möchte ich heute auf eine billigere und schnellere Möglichkeit eingehen, eine Hecke zu erlangen, die sich zu Figuren beschneiden läßt. Meinem heutigen Vorschlag fehlt die dunkle Würde der Eibe, aber er hat dafür seinen ganz eigenen Charme, auf französisch heißt er sogar so. Die Rede ist von der Hainbuche (*Carpinus*).

Hainbuche ist relativ billig und empfiehlt sich für Bewohner eines kalkreichen Bodens, denn wie ihre botanische Verwandte, die Buche, findet die Hainbuche einen alkalischen Boden geradezu angenehm. Buchen sind teurer und wachsen langsamer. Hainbuche und Buche behalten den Winter über ihre braunen Blätter, im Frühling stoßen die jungen grünen Blätter ihre vertrockneten Eltern dann vom Zweig.

Unsere Freunde und Nachbarn, die Franzosen, verwenden die Hainbuche auf höchst phantasievolle Weise. Sie lassen sie als gerade, aufrechte Bäume wachsen, mit einem Stamm und einer flachen, tischartigen Spitze. Sie amüsieren sich damit, Hainbuchen zu immer neuen Formen zu beschneiden. Sie haben vielleicht nicht denselben Erfolg mit ihren Blumen wie wir, denn sie sind niemals über das alte viktorianische System des Auspflanzens hinausgekommen, aber sie haben auf jeden Fall ein besseres Gespür für Design als wir, auch wenn ihre geraden Linien und Perspektiven nicht unbedingt den unordentlicheren und weniger disziplinierten englischen Geschmack befriedigen. Einmal habe ich jedoch in einem Märchengarten in Fontainebleau eine wunderbare Verwendung der Hainbuche gesehen, die die Strenge des Entwurfs mit suggestiver Poesie zu verbinden schien. Es war ein perfekter Hainbuchenkreis, vielleicht sieben Meter hoch, ein Kreis, in dem jeder dritte Baum fehlte, wohingegen die Kronen sich oben begegneten, so daß der Ring in regelmäßigen Abständen durchbrochen war, was eine Art Arkade ergab, durch die immer wieder der sie umgebende Garten wie eine Überraschung zu sehen war. Dieses Rahmenwerk gab ein Gefühl von Weite und lieferte eine ganze Bilderserie, die die Besucherin anregte, hindurchzuwandern, um zu entdecken, was dahinter lag.

Die alte Redensart trifft eben zu: »Die Italiener bauen ihre Gärten, die Engländer pflanzen ihre Gärten, die Franzosen entwerfen ihre Gärten.«

Ich habe schon angekündigt, daß ich diese Woche über blühende Hecken schreiben würde. Dabei wollte ich vor allem auf die Rosenhecke eingehen, aber das ist ein ganz besonderes Thema, das eine Liste von passenden Varianten verlangt, die meinen Platz hier sprengen würde. Einige Berberitzen ergeben wunderbare Hecken, die im Frühling orange oder gelb blühen und im Herbst dunkle Beeren tragen, außerdem sind sie dornig genug, um die meisten Eindringlinge abzuhalten, und sie können so oft oder so selten beschnitten werden, wie wir das für richtig halten. *Berberis darwinii*, *B. stenophylla* und *B. gagnepainii* werden am häufigsten empfohlen, doch wenn Sie etwas Außergewöhnlicheres suchen, dann gibt es auch noch die leuchtend orangerote *B. linearifolia*. Diese Variante jedoch wächst ziemlich langsam.

Der *Pyracantha* oder Feuerdorn besticht weniger durch seine Blüten als durch seine Beeren, diese jedoch bieten im Herbst einen großartigen Anblick. *P. rogersiana*, *P. angustifolia* und *P. Lalandei* empfehlen sich alle, alle sind ausreichend und grausam bewaffnet. Unter den *Cotoneastern*, unbewaffnet, aber beerentragend, gibt es *C. franchettii*, der nur selten beschnitten werden muß, und *C. simonsii*, der härter beschnitten werden sollte, was aber den Verlust eines Teils der Beeren bedeutet. *Chaenomeles*, zumeist *japonica* benannt, läßt sich als Hecke pflanzen. Ich würde auch gern eine Hecke aus *C. cathayensis* sehen, denn der ist sehr dornig, seine jadegrünen Früchte sind ein guter Blickfang, und man kann Marmelade daraus kochen.

Wenn Sie eine lässige, wenig förmliche Hecke möchten, die nur zur Zierde und nicht als Absperrung gegen Vieh und kleine Jungen dienen soll, dann bieten sich viele blühende Sträucher an. *Forsythia intermedia* zieht einen goldenen Strich, ebenso die einfache *Kerria japonica* (Ranunkelstrauch), die viel heller und eleganter ist als die gefüllte Variante, die wir in alten Gärten so oft sehen. Flieder und der süßduftende *Philadelphus coronarius* (Falscher Jasmin) wachsen als Hecken wie als Einzelexemplare; sie verbreiten sich gern und nehmen deshalb viel Platz weg, dazu entwickelt Flieder noch Wurzelschößlinge, falls Sie nicht dafür sorgen, daß er auf seinen eigenen Wurzeln steht; *Hypericum patulum*, eine Art Johanniskraut, vor allem die Varianten *forrestii* und *henryi*, hat eine sehr lange Blütezeit und nichts gegen ein wenig Schatten einzuwenden. Die Deutzien können ebenfalls ein wenig Schatten vertragen und sind im Juni von entzückendem Weiß und Rosa, sie dürfen jedoch nicht beschnitten werden, sonst gibt es in der nächsten Saison keine Blüten. Zum Glück werden sie nicht sehr groß oder unordentlich.

In den südlichen Provinzen Frankreichs kommen wir nicht auf viele gute Ideen für den nördlichen Garten; das Klima ist zu anders, nicht nur, weil viele Pflanzen bei uns nicht überleben könnten, sondern auch, weil der starke Sonnenschein Farbgruppen wunderschön aussehen läßt, die bei uns zu Hause nur wie die Auspflanzungen in öffentlichen Parks aussehen würden. Scharlachsalbei, Blumenrohr und sogar Begonien glühen in einer Intensität, die ihr Wesen wirklich zu verändern scheint.

Mir ist aber trotzdem eine neue Verwendung einer sehr alltäglichen Pflanze aufgefallen, die ich zuerst für unseren alten Freund, den Wilden Wein* *Ampelopsis veitchii* hielt. Ich habe ihn immer schon für einen hübschen Burschen gehalten, denn im Herbst wird er so rot wie der schönste Ahorn. Allerdings dürfen wir ihn nicht vor einer roten Ziegelmauer sehen. Hier im Süden sah ich ihn frei wachsen, er fiel in Kaskaden über eine Terrasse oder wand sich durch einen dunkelgrünen Baum, um dann in langen, lockeren, scharlachroten

* Das war ein großer Irrtum, ich hatte nicht genau genug hingesehen. Ich hätte daran denken sollen, daß Wilder Wein haftet, während es sich hier um ein lockeres, wanderndes Gewächs ohne Klebepolster handelte.

Strängen weiterzuschweben. Wenn man ihm seine Freiheit läßt, ist er von so umwerfendem Rot wie die rote Kapuzinerkresse, die in Schottland wuchert, während sie sich in England oft so zurückhaltend gibt. Ich kann mir vorstellen, wie er eine Stechpalme umkränzt oder vor den Zweigen eines *Quercus ilex* (Steineiche) hängt, wenn Sie das Glück haben, einen ausgewachsenen zu besitzen, oder wie er seinen Weg durch eine grobe Dornenhecke sucht. Oft finden wir bei solchen Hecken eine sehr hoch gewachsene Stechpalme – ich glaube, auf dem Land lebt noch immer der alte Aberglaube, daß es Unglück bringt, eine Stechpalme auf Heckenhöhe zu stutzen. Auf jeden Fall würde eine Pyramide aus Scharlachrot und Grün aufleuchten wie eine Fackel, vor allem, wenn die tiefen Strahlen der Herbstsonne sie treffen.

Ich habe bereits auf den Vorteil einiger dunkler Bäume als Gastgeber für Kletterer hingewiesen, denn für mich ist die Kombination von Dunkelgrün und Leuchtendrot eine der wirkungsvollsten in der Natur, aber ich erinnere mich an einen Wilden Wein, der sich in die Zweige einer hohen Gelbbirke vorgekämpft hatte. Da hing er dann, blaßrosa und durchscheinend, vor der Eleganz des weißen Baumes. Sicher war er aus irgendeinem Garten entwischt, denn niemand hätte ihn doch hier am Waldrand gepflanzt.

Auch mit einigen Zierweinen wäre das möglich, mit *Vitis coignetiae* oder *Vitis vinifera Brant*. Sie wachsen frei und werden deshalb vor allem über Lauben und Bogengänge gelegt, wo ihre schönen rosigen Blätter frei hängen können und das Maximum an hellem Licht erhalten, das sie brauchen und verlangen. Hierzulande wird Zierwein nicht oft genug genommen, weil wir noch nicht gelernt haben, ihn so wachsen zu lassen, wie er den meisten Nutzen bringt. Ich könnte mir vorstellen, daß er locker und unbehindert hängen darf, so, wie er sorglos in meiner geliebten Ecke von Südwestfrankreich Terrassen und Brüstungen von Schloßruinen überwuchert.

Ab und zu wird irgendeine maßgebliche Monographie über eine Art oder eine Pflanzenfamilie veröffentlicht, die für Fachleute wertvoll und für Amateure interessant ist. Eine solche Monographie teilt den Fachleuten alles mit, was sie zu wissen überhaupt nur wünschen können, während der Amateur wesentlich mehr erfährt, als er überhaupt beherzigen kann. Der Amateur sollte sich von Begriffen wie Zytologie, Morphologie, Klonen oder Chromosomen nicht beunruhigen lassen – er kann einfach darüber hinweglesen und sich das suchen, was er wirklich über die Geschichte und Zucht seiner Lieblingsblumen wissen möchte.

Ich denke hier an Schneeglöckchen und Märzenbecher. Wir alle lieben Schneeglöckchen, es ist eine sentimentale Liebe, die bis in unsere Kindheit zurückreicht. Damals schauten sie tapfer aus dem Schnee und rechtfertigten damit ihren französischen Namen *Perce-neige*, aber vielleicht wußten wir nie viel mehr über sie außer der Tatsache, daß wir sie im Januar pflücken konnten, wenn es ansonsten wenig zu pflükken gab.

Wenn wir mehr darüber erfahren möchten, können wir jetzt das Buch *Snowdrops and Snowflakes* von Sir Frederick Stern konsultieren. Sir Frederick arbeitete an diesem Buch zunächst zusammen mit dem verstorbenen Mr. E. A. Bowles.

Zwei bedeutende Experten taten sich zusammen, um ein Buch herauszugeben, das sich wohl kaum übertreffen läßt und das Fachleuten und Amateuren gleichermaßen Informationen bietet. Ich möchte einige der weniger technischen Auskünfte anführen, die ich immer so faszinierend finde.

Es ist zum Beispiel seltsam, daß Shakespeare niemals Schneeglöckchen erwähnt hat, wo er doch sein Werk sonst so gern mit den Namen unserer schlichten Blumen schmückte. Und doch ist das gemeine Schneeglöckchen, *Galanthus nivalis*, aller Wahrscheinlichkeit nach in Großbritannien heimisch, während es zugleich weit durch die Geographie verbreitet ist und von Spanien, Frankreich, Italien und den Balkan bis nach Rußland gelangt ist. (Ich wüßte gern, ob es in Warwickshire jemals wild gewachsen ist oder noch wächst.) Sir Frederick kommt zu der überzeugenden Annahme, daß es in der Elisabethanischen Zeit als Weißes Knollenveilchen bekannt war, ein Name, der sich in der Poesie nun wirklich nicht sehr gut macht. Anscheinend kam die Bezeichnung Schneeglöckchen erst fünfzig Jahre nach Shakespeares Tod auf. Es gab auch noch andere schöne Namen wie Weiße Damen, Februarmilchmädchen oder Lichtmeßglocken, niemals jedoch Milchblume, obwohl der botanische Name *Galanthus* sich vom griechischen γαλα (gala) ableitet, was Milch bedeutet. Es gibt viele Varianten, und es mag überraschen, daß zumindest drei davon im Herbst und sogar schon im September blühen. Ich ziehe allerdings meine Schneeglöckchen zur üblichen Zeit vor, also im tiefen Winter.

Sie machen nicht viel Arbeit, wir müssen nur bedenken, daß die am häufigsten vorkommende Form, *nivalis*, in einigen Gegenden besser gedeiht als in anderen, vor allem in

Schottland und den nördlichen Grafschaften. Ich nehme an, es ist allgemein bekannt, daß man die Zwiebeln ausgraben, wenn nötig teilen und neu pflanzen sollte, wenn die Blüten anfangen zu verwelken. Versetzen Sie sie schnell, und lassen Sie sie nicht in Kontakt mit tierischem Dünger kommen: Das hassen sie.

Als ich letzte Woche über Schneeglöckchen geschrieben habe, war plötzlich kein Platz mehr für die ihnen so eng verwandten Märzenbecher oder *Leucojum*. Ich finde, wir pflanzen bei weitem nicht genug Märzenbecher an. Sie sind so hübsch und viel größer als die Schneeglöckchen, denn ihre Glokken hängen im Frühling in einer Höhe von sechs Zentimetern über ihren binsenartigen Blättern. Gott möge mir vergeben, in jüngeren Jahren grub ich in einem verlassenen Garten, den ich retten wollte, eine ganze Kolonie aus. Damals wußte ich ihre Schönheit nicht zu schätzen und versetzte sie rücksichtslos in eine abgelegene Ecke, wo glücklicherweise einige noch bis heute überlebt haben. Sie waren besonders schöne Exemplare, wenn die Kolonie auch heftigst überbevölkert war, und sie hätten lange vor meinem Eingreifen vereinzelt werden müssen. Wir begehen wirklich schokkierende Missetaten, wenn wir es nicht besser wissen.

Ich weiß es jetzt ein bißchen besser und möchte nicht ohne *Leucojum aestivum* sein, vor allem nicht ohne die als Knotenblume bekannte Variante. Sie blüht im April oder Mai, was ziemlich irreführend ist, da *aestivum* Sommer bedeutet. *Leucojum vernum* dagegen macht seinem Adjektiv alle Ehre, da es wirklich im Frühling blüht, oft schon im Februar oder

März. Es macht sich sehr gut im Steingarten oder einfach im Gras. Es ist eine sehr pflegeleichte Pflanze, die sich in Sonne und Schatten gleichermaßen wohl fühlt und auch nichts gegen kalkreichen Boden einzuwenden hat. Wie das Schneeglöckchen sollte es ausgegraben, geteilt und neu gepflanzt werden, wenn die Blüten zu verwelken beginnen. Das klingt seltsam, schließlich werden wir immer aufgefordert, die Blätter erst gelb werden und absterben zu lassen, ehe wir die Knollen ausgraben. Schneeglöckchen und Märzenbecher jedoch verhalten sich ganz anders. Sie möchten ausgegraben werden, wenn die Blätter noch grün sind, dann werden sie geteilt und als junge Wurzelballen neu gesetzt.

Leucojum autumnale ist ein ziemlich mickerig aussehendes Gewächs, ihm fehlt die Solidität von *vernum* und *aestivum*. Es gilt als zäh, aber ich habe trotzdem keine Lust, mich mit ihm abzugeben, wir haben unsere Vorurteile und müssen dabei bleiben. Ich möchte aber auf jeden Fall die Frühlings- und sogenannten Sommermärzenbecher heiß empfehlen, die nicht besonders viel kosten und sich durch ihre jährliche Vermehrung wirklich bezahlt machen, was allerdings für viele Zwiebeln gilt.

Die Mispel ist nicht gerade eine Frucht, die mir am Herzen liegt; wenn sie gegessen werden kann, hat sie eine viel zu große Ähnlichkeit mit einer verfaulenden oder »schwammigen« Birne. Aber wir können sie einkochen, und der kleine Baum ist auf jeden Fall für den Garten von Wert, denn in einem freundlichen Herbst zeigen die Blätter ein wunderschönes buntes Gesprenkel, rosa, gelb, grün und braun, und dazwischen hängen die rostbraunen Früchte, die mich immer an diese knotigen Objekte erinnern, die an den dreschflegelartigen Handwaffen der mittelalterlichen Kriegsführung mit Lederriemen befestigt sind.

Doch obwohl ich die Mispel als Frucht nicht weiter liebe, kennt meine Zuneigung zur Kirschpflaume oder dem Katappenbaum (*Terminalia catappa*) keine Grenze. Ich wünschte, sie ließe sich viel häufiger anpflanzen. Von ihr kann ich wirklich nur Gutes sagen. Sie wächst schnell; im Frühling ist sie mit ihren weißen Blüten ein wahrer Augenschmaus, sie gelangt zu größter Schönheit, wenn im Mittsommer ihre Früchte reifen und ihre Zweige unter deren Gewicht fast bis auf den Boden hängen. Die Zweige scheinen dann mit dicken Bernsteinstücken und Topasen behangen zu sein, wie bei einem Baum aus einem orientalischen Märchen.

In den meisten Jahren trägt sie reiche Ernte. Die Früchte ergeben eine köstliche Marmelade, vor allem, wenn Sie die Samen aus den Früchten hineingeben, das gibt ein scharfes Mandelaroma, ähnlich dem, das Kerne in Aprikosenmarmelade hervorrufen. Auch für Hecken empfiehlt sie sich. Sie ist sicherlich ein Baum, den Sie zu Ihrer eigenen und zur Freude Ihrer Kinder pflanzen können.

Pflanzen Sie auch Reineclauden (*Prunus domestica italica*), jetzt (November) ist die richtige Zeit, um sie zu bestellen und zu pflanzen.

Eine Versuchung und ein Vorschlag erreichen mich, gleichermaßen in Form eines Handzettels, über retardierende Samenkronen von Maiglöckchen. Wenn dieser Handzettel nicht von einem seriösen und zuverlässigen Züchter stammte, dann hätte ich meine Zweifel, denn es klingt einfach zu gut, um wahr zu sein. Aber ich glaube nun, daß ich innerhalb von drei bis vier Wochen nach dem Pflanzen zu jeder Jahreszeit Maiglöckchen (*Convallaria*) haben kann, sogar jetzt, und dann sind sie zu Weihnachten gerade erblüht. Es ist die pure Extravaganz, denn die Kronen müssen weggeworfen werden, es hätte keinen Zweck, sie zu pflanzen wie die Knollen von Narzissen und Hyazinthen, die dazu gezüchtet worden sind.

Sie brauchen die Pflanzen nur zu bestellen und sie dann gleich an dem Tag zu setzen, an dem Sie sie erhalten haben. Warten Sie damit nicht, sie mögen nicht müßig herumliegen. Sie können sie in ein Rahmenbeet setzen, wenn dort die Nachttemperatur nicht von der des Tages abweicht, was nicht leicht ist, es sei denn, sie könnten von unten her heizen, oder Sie setzen sie in Töpfen oder Schachteln von mindestens zwölf Zentimetern Tiefe, eine normale Setzschachtel ist also nicht gut genug. Auch mit Torffasern gefüllte Schalen sind möglich, die in einem warmen (um die 15 C°) Schrank stehen sollten, wenn Sie einen haben – ich nehme an, daß ein Wäscheschrank mit Heißluftgebläse dafür geeignet wäre. Sie sollten im Dunkeln bleiben, bis aus den Kronen Auswüchse von mindestens fünfzehn Zentimetern gewachsen sind. Erst dann dürfen sie ans helle Licht, aber niemals dürfen Sie sie Sonnenstrahlen aussetzen. Aus diesem Grunde, weil sie eben Wärme und Schatten brauchen, sollten sie wohl in ihren Schachteln, Töpfen oder Schalen unter dem Regal in einem Gewächshaus stehen. Sie müssen immer feucht gehalten werden, und die Spitzen der Kronen dürfen nicht mit Erde bedeckt werden.

Jetzt ist übrigens ein geeigneter Zeitpunkt für das Auspflanzen von Maiglöckchen im Garten. Ein Nachbar, der sie in seinem wunderschönen Waldgarten ausgiebig zwischen Azaleen und Primeln setzt, behauptet, sie niemals wirklich zu pflanzen, er wirft sie einfach auf den Boden, bedeckt sie ganz leicht mit Lauberde und überläßt sie dann ihrem Schicksal. Ich habe das nicht versucht, aber bei ihm macht diese Methode sich bezahlt, möglicherweise, weil sein Boden weich, reich und schwammig ist und von kleinen Wasserläufen durchzogen wird, so daß die Wurzeln kaum je auf Widerstand stoßen. Sie haben seltsame Angewohnheiten, ich habe versucht, sie unter Bäumen zu pflanzen, wo sie doch eigentlich hingehören, aber sie scheinen die Mitte eines steinigen Weges vorzuziehen. Pflanzen verhalten sich einfach nie so, wie wir das von ihnen erwarten.

Das gewöhnliche alte englische Maiglöckchen hat den süßesten Duft von allen, doch auch die großblütige Variante *C. Fortin's Giant* hat ihre Qualitäten, denn sie blüht ziemlich spät und verlängert damit die Saison um vierzehn Tage.

Viele tausend Schalen mit vielen hunderttausend Zwiebeln verstecken sich derzeit wohl in seltsamen dunklen Schlupfwinkeln der Häuser Großbritanniens. In Verschlägen unter den Treppen, in Rumpelkammern hinter Koffertürmen, unter Betten und sogar unter Sofas lauern die Puddingschüsseln und Keramiktöpfe, die mit dieser wunderschönen schokoladenbraunen Faser gefüllt sind, und diese Faser wird symmetrisch und im Kreismuster von scharfen weißen Zähnchen perforiert. Ungastliche Maßnahmen gegen Mäuse sind ergriffen worden, denn deren Vorliebe für Krokus- und Tulpenzwiebeln ist bekannt: Kleine Pyramiden aus einem sägemehlartigen Mittel sind aufgehäuft worden, ihr tägliches Verschwinden wird voller Entzücken registriert. Manche Schalen sind, bedeckt mit dünnem weichem Papier, ans Tageslicht geholt worden, die papierweiße Narzisse zeigt manchmal schon eine fette Knospe.

Schade, daß sich weder die papierweiße Narzisse noch die Römische Hyazinthe später im Freien auspflanzen lassen. Die normale Hyazinthe und die übrigen Narzissen und Osterglocken machen sich im Freien gut, und es trifft auch nicht zu, daß sie nach einer Vermehrung immer zwei Jahre brauchen, um sich wieder zu vermehren. Ich stelle fest, daß ein beträchtlicher Teil von ihnen schon in der nächsten Saison wieder blüht.

Ein Leser bittet mich, auf ein Problem einzugehen, das seiner Ansicht nach vielen zu schaffen macht. Er hat ein neues Haus und einen neuen Garten in einer neuen Wohnsiedlung, und nach drei oder vier Jahren wird sein Beruf ihn mit ziemlicher Sicherheit zum Umzug in einen anderen Landesteil zwingen. Was soll er tun, um 1) unbeobachtet von den Nachbarn sein Privatleben pflegen zu können und 2) in der kürzestmöglichen Zeit eine Art Blumengarten anzulegen?

Ich fürchte, viele originelle Vorschläge kann ich ihm da nicht machen. Ungeduld und Gärtnerei vertragen sich nur schlecht. Aber etwas muß geschehen. Privatleben ist von allergrößter Wichtigkeit, und Privatleben bedeutet eine Hecke. Ich bin nicht besonders begeistert von *Lonicera nitida*, die zu so gewaltiger Beliebtheit gelangte, als sie vor einigen Jahren auf den Markt kam, aber immerhin wächst sie schnell, ist dicht, immergrün und billig. Der Nachteil ist, daß sie sehr oft geschnitten werden muß, wenn sie nicht ausufern soll. Auch Hainbuche wächst schnell, kostet aber etwas mehr, ist nicht immergrün, behält aber durch den ganzen Winter ihre pikanten braunen Blätter, sieht also nur selten wirklich kahl aus. Der Schlingknöterich *Polygonum baldschuanicum* mit seinen federhaften weißen Blüten im Sommer ist eine gute Investition, man braucht nicht viele Pflanzen entlang eines Zaunes, Drahtes oder eines Spalieres. Der Schlingknöterich verliert jedoch im Herbst seine Blätter und kann deshalb im Winter nicht viel Schutz bieten. Wenn das nicht unbedingt ein Hindernis ist, dann wäre eine Hecke aus fruchttragenden Dornsträuchern ungewöhnlicher und auch lohnender; Loganbeeren, Johannisbeeren, die neuen Boysenbeeren oder die kultivierte Brombeere (*Rubus*), vor allem die *thibetanus* genannte, bieten sich allesamt an. Es gibt auch noch dermaßen kräftige Kletterrosen, daß sie bei guter Ernährung innerhalb von ein oder zwei Jahren den Zaun verdeckt haben müßten; wir müssen durchaus nicht nur die alten Sorten *Dorothy Perkins* und *American Pillar* setzen, zum selben Preis gibt es sehr viel hübschere Sorten wie *New Dawn*, *Albertine*, *Felicité Perpétue*, *Everblooming Dr. W. van Fleet*, *Albéric Barbier*, *François Juranville*.

Was den Blumengarten angeht, so gibt es eine reiche Auswahl an robusten Einjährigen. Zur Aussaat sind Beete oder Rabatten mit ausreichend guter oberer Erdschicht nötig. Wenn mein Leser sich für Beete entscheidet, dann hoffe ich, daß er Vierecke oder Quadrate anlegt, keine Herzen, Halbmonde oder Rhomben. Wenn er die Kosten nicht scheut, dann wird ihn natürlich nichts davon abhalten, sie mit krautartigen winterharten blühenden Sträuchern oder Rosen zu füllen. Jeder muß eben seine Probleme selber lösen.

Es ist amüsant und auch nützlich, wenn wir uns jetzt fragen, was wir pflanzen könnten, um zwölf Monate voraus in die Zukunft zu schauen und ein kompaktes kleines Bündel aus dem zusammenzustellen, was in diesem trüben, öden Monat draußen wächst. Als ich im Nieselregen mit Messer und Gartenschere unterwegs war, konnte ich durchaus ein vorzeigbares Kuddelmuddel sammeln. Manches duftete, anderes war einfach hübsch, und einiges war mit dem Ziel gepflanzt worden, im November gepflückt zu werden.

Zu den duftenden Pflanzen gehörte der Schneeball *Viburnum bodnantense* und *Viburnum farreri*, dazu einige Zweige *Daphne retusa*, einige verirrte Rosen, vor allem die Schottische Rose *Stanwell perpetual* und die hybride Moschusrose *Penelope*, die unermüdlich immer weitermacht und deren Knospen sich in Wasser allesamt öffnen. Dazu gab ich noch einige nach Zitrone duftende Verbenen und ein paar efeublättrige Geranien; sie standen schon den ganzen Sommer über im Freien und hatten noch keine Frostschäden davongetragen.

Zu den geruchlosen, aber bunteren Pflanzen gehörten Enzian und Alpenveilchen *Cyclamen neapolitanum*, beide rosa und weiß, die aus ihren wunderschön marmorierten Blättern herauswuchsen, die, wie genaueres Hinsehen ergibt, von Pflanze zu Pflanze immer neue Muster zeigen. Sie überraschen durch

ihre unendliche Variationsfähigkeit, und das auf unschuldigere Weise als die, in der Kleopatra ihren Antonius überraschte. Ich pflückte noch einige Zweige *Abutilon megapotamicum* (Zimmerahorn), das seit dem Juni blüht und offenbar erst dann damit aufhören will, wenn ein böser Frost zuschlägt. Es wächst vor einer Südwand und braucht im Winter ein wenig Schutz, wirklich nur ein wenig, eine Ladung grobe Asche über seinen Wurzeln und ein Vorhang aus Sackleinen, wenn es wirklich kalt wird. Ich fand einige schöne *Polianthes*, die sich um einiges verspätet hatten, die blaue kalifornische Variante und einige butter-und-creme-farbene *tuberosa*, gezogen von Miss Gertrude Jekyll, dieser vorzüglichen Gärtnerin, der wir soviel verdanken. Es war durchaus keine schlechte Ernte, schließlich war alles unter freiem Himmel gewachsen, aber wer ein leicht beheizbares Gewächshaus hat, kann damit rechnen, daß einige Töpfe *Cypripedium insigne*, die pflegeleichteste aller Orchideen, vom Frauenschuh-Typ, mit dem dicken Sack und den flügelhaften Blütenblättern, reichen Ertrag bringen werden. Ich kann mir kein besseres Weihnachtsgeschenk vorstellen als einen damit wohlgefüllten Topf, denn die Blüte überlebt auch in der Vase noch mehrere Wochen, und die Pflanze selber bleibt viele Jahre grün. Ich glaube nicht, daß ein Gewächshaus nötig ist; eine Fensterbank in einem Zimmer, in dem die Temperatur nicht unter 7 °C sinkt, müßte reichen. Sie mögen kein starkes Sonnenlicht und brauchen sehr viel Wasser.

Sie müssen etwa alle drei Jahre umgetopft werden, und dazu empfiehlt sich Blumenerde aus der Gärtnerei. Pflanzen Sie sie so fest Sie können, pressen Sie den Torfmooskompost mit starken Fingern und einem stumpfen Stück Holz, wie ein fetter, ungespitzter Bleistift, zusammen, und benutzen sie viele kleine Topfscherben zur Drainage.

Die Salbei-Familie ist im Küchen- und im Blumengarten gleichermaßen bekannt. Einige ihrer Mitglieder sind aromatische Kräuter, die in der Sonne der Mittelmeerländer die Hügel zum Duften bringen, wir assoziieren sie mit groben Fußwegen, Ziegen und Oliven. Salbei ist überhaupt eine liebenswerte Pflanze, der lateinische Name *Salvia* kommt von *salvare*, retten oder heilen, und ein Spitzname des Salbei lautet *S. salvatrix*, was sich doch sehr beruhigend anhört. *S. sclarea* wird auf englisch auch Clear Eye oder See Bright genannt. In Frankreich wird ihm eine sehr umgängliche Persönlichkeit zugeschrieben, dort heißt es nämlich ganz einfach Toute Bonne, und ich muß dabei immer an eine rosige alte Landfrau in einer blauen Schürze denken.

Küchensalbei wächst in dekorativen Büscheln, es gibt rötliche, bunte und ganz einfach graugrüne Blätter. Gartensalbei empfiehlt sich für krautartige Rabatten. Ich rede hier nicht von der halbrobusten Auspflanzsorte, die die für öffentliche Parks Verantwortlichen so lieben, von *S. splendens*, deren Verwendung wirklich nur den allergeschicktesten Gärtnern erlaubt sein sollte. Ich rede von alten Favoriten wie *S. virgata nemorosa*, einem neunzig Zentimeter hohen, buschigen Gewächs, dessen blaulippige Blütenbüschel zwischen rotvioletten Blättern sitzen und im Mittsommer sehr lange leben; oder von *S. grahamii*, ebenso vertraut mit seinen zähen roten Blüten, einem einigermaßen winterfesten Mexikaner. Seit kurzem eingeführt, aber noch nicht so bekannt, wie er das verdient hätte, ist *S. haematodes*, den ich nur empfehlen kann; er erhebt sich zu einer etwa ein Meter fünfzig hohen blauen Wolke, die sich hinter jeder graublättrigen Pflanze wie dem alten englischen Lavendel sehr gut macht. Dieser Salbei läßt sich sehr leicht aus Samen ziehen, vor allem, wenn sie gleich nach dem Reifen ausgesät werden, und produziert außerdem auf eigene Faust Dutzende von Setzlingen. Wenn Sie die Stiele oder die Spitzen einen Moment lang mit kochendem Wasser übergießen, lassen sie sich leicht pflücken.

Wer genug Zeit hat, sollte unbedingt *S. patens* pflanzen. Diese Pflanze ist eine Last, in etwa so, wie es die Dahlie ist, denn ihre Knollen müssen im Herbst ausgegraben, frostgeschützt aufbewahrt, im April unter Glas zum Wachsen gebracht und Ende Mai wieder ausgepflanzt werden. Die Knollen an sich sind gar nicht so empfindlich, aber es besteht die Gefahr, daß später Frost die jungen Triebe zerstört; eine Glokke kann diese Gefahr vielleicht bannen. Das erstaunliche Azur der Blüten macht diese Mühe aber wieder wett. Wie der Enzian können sie es mit dem Leuchten der blauen Teile eines bunten Glasfensters aufnehmen.

Ob ich bitte einen Artikel über »Kalkhasser« oder »Womit man keine Zeit vergeuden sollte« schreiben könnte? Mein Entschluß, diesem Wunsch nachzukommen, wurde durch die Klagen eines Herrn verstärkt, der sich im letzten Frühling eine *Pieris forrestii* (Lavendelheide) gekauft und sie sehr behutsam in den Kalkboden der Epsom Downs gesetzt hat, wo sie jetzt zu seiner Überraschung alle Anzeichen eines unmittelbar bevorstehenden Zusammenbruchs zeigt.

Es ist unmöglich, eine absolute und umfassende Regel aufzustellen. Manche Pflanzen fühlen sich zwar wohler in saurem (kalkfreiem) Boden, können aber mit einer bestimmten Menge an alkalischen Eigenschaften doch noch leben. Es ist sicher allgemein bekannt, daß die meisten Mitglieder der umfangreichen Heidekrautfamilie *Ericaceae* Kalk nicht vertragen, was ein arges Problem ist für alle, die Rhododendron, Kamelien, Azaleen, Kalmien, Lavendelheide, Torfmyrte, Blaubeere und die Mehrzahl der verschiedenen Heidekrautsorten pflanzen möchten; obwohl es in dieser großen Familie auch einige umgängliche Mitglieder gibt, zum Beispiel *Rhododendron hirsutum* und *Rhododendron racemosum* oder *Erica carnea*.

Niemand muß also gänzlich verzweifeln. Doch mein erster Rat an alle, die Pflanzen haben wollen, die auf unpassendem Boden nicht gerade gut gedeihen, lautet: Lassen Sie es. Es ist viel besser, sich auf die Gewächse zu beschränken, die sich im Boden in Ihrem Garten wohl fühlen, und auf die anderen zu verzichten. Ich weiß, daß viele das nicht gern hören und daß allerlei Verlockungen damit erledigt sind, aber ich bin sicher, daß ich recht habe. Es hat keinen Zweck, Pflanzen Lebensumstände aufzwingen zu wollen, die sie nicht mögen: Sie lassen sich das einfach nicht gefallen, es sei denn, Sie sind reich genug, um in Ihrem Garten Umgrabungsarbeiten von den Ausmaßen eines Steinbruchs durchzuführen. Mein zweiter Rat wäre: Stellen Sie zuerst fest, wie Ihr Boden genau beschaffen ist. Es gibt verschiedene Methoden, wie ein Amateur sich davon ein Bild machen kann, aber mehr als eine grobe Schätzung kommt dabei nicht heraus. Besser, Sie bitten einen Chemiker um Rat. Jede Gartenbauschule und jeder Gartenbauberater kann die nötigen Untersuchungen durchführen. Wenn der Test alkalischen oder neutralen Boden ergibt, wunderbar. Ist der Boden kalkhaltig, werden Sie nach einem System sorgfältiger Eliminierung vorgehen müssen. Es gibt eine geheimnisvolle Formel namens pH-Skala: pH 5 und 6 sind ganz und gar säurehaltig und für jeglichen Anbau geeignet, pH 7 ist neutral, alles über pH 7 ist alkalisch oder kalkhaltig und sollte deshalb mit Mißtrauen betrachtet werden.

Ich hoffe, daß mein Artikel über die Schwierigkeit, kalkhassende Pflanzen in kalkreichem Boden anzubauen, bei den Lesern nicht Panik und Verzweiflung ausgelöst hat. Sicher, viele müssen wohl auf das Pflanzen so manchen Lieblings verzichten, doch andererseits gibt es zwei breite Kategorien, bei denen wir uns keine Gedanken zu machen brauchen. Unter diese Kategorien fallen Pflanzen, die Kalk verlangen, wenn sie ihr Bestes geben sollen, und Pflanzen, die zumindest nichts gegen Kalk einzuwenden haben. Was die erste Gruppe betrifft, so brauchen wir nur an unsere einheimische Flora zu denken, wie wir sie aus kalkreichen Gegenden kennen: an den wunderschönen Spindelstrauch, der die Hecken mit seinen seltsamen dreieckigen Früchten ziert, an den wilden Schneeball, an die Vogelbeere mit ihrem puren Gold, an Ginster, an kriechenden Thymian, Glockenblumen, Sonnenröschen, Skabiose, Steinkraut und die heute seltene Küchenschelle *Pulsatilla vulgaris*. Diese und andere legen die Annahme nahe, daß ihre Gartenverwandtschaft begeistert sein wird, wenn wir ihr ein kalkhaltiges Zuhause anbieten.

Die zweite Gruppe ist sogar noch größer. Zu ihr gehört die große Anzahl von Pflanzen, die mit oder ohne Kalk gleichermaßen gedeihen. Die riesige Familie der *Rosaceae* (Rosengewächse) bringt uns schon sehr weit. Manche Lilien (aber nicht alle) sind absolut tolerant; einigen wie *Lilium henryi* mißfällt der Säuregehalt von Torf sogar. Fast alle krautartigen Pflanzen verhalten sich tolerant. Die meisten Irissorten sind einwandfrei kalkfreundlich, wenn Ihnen dieses Wort gefällt. Bei Bäumen und Sträuchern wird die Liste so lang, daß ich lieber auf die im letzten Artikel angeführten Kalkhasser verweise: Greifen Sie getrost zu allem, was darin nicht erwähnt wird; zu allem, meine ich, was der Durchschnittsgärtner normalerweise gerne pflanzt.

Einige Steinpflanzen sollten vorsichtig behandelt werden, was auch für manche Primeln und Mohnsorten gilt. Der wunderschöne blaue Scheinmohn, *Meconopsis betonicifolia*, mag schwammigen säurehaltigen Torf- und Humusboden und sollte deshalb Kalkbewohnern nicht empfohlen werden. Natürlich läßt sich einiges ermöglichen, wenn wir große Nischen ausheben und sie mit einer passenderen Bodenmischung füllen, aber Kalk ist ungeheuer zäh und scheint früher oder später doch irgendwann zurückzukehren, selbst ein starker Regenguß kann ihn an Stellen spülen, wo er nicht erwünscht ist, und vielleicht habe ich jetzt genug gesagt, um zu zeigen, daß es eine reiche Auswahl gibt und daß niemand entmutigt oder enttäuscht sein muß.

Die roten Blätter sind jetzt fast alle verschwunden. Der *Liquidambar* hat noch einige wenige rotgrüne, sie klammern sich an ihm fest, als wären sie angeleimt. In seiner Heimat in den östlichen Vereinigten Staaten muß dieser Baum einen umwerfenden Anblick bieten, denn dort kann er eine Höhe von bis zu fünfzig Metern erreichen. Er sieht bestimmt aus wie eine riesige Fackel, die wir löschen sollten, damit sie nicht den ganzen Wald anzündet. Er wurde schon 1683 nach England gebracht, hat hier aber niemals eine vergleichbare Höhe erlangen können. Wir können ihn als eine Art Aufsrufezeichen hinter das sterbende Lebewohl des Herbstes pflanzen, denn er wächst aufrecht und spitz zulaufend wie eine Pappel.

Seine Blätter lassen sich leicht mit Ahornblättern verwechseln, aber das wäre falsch. Ich mag den Japanischen Fächerahorn *Acer palmatum* nicht besonders gern, wir sehen ihn oft, aber wir sehen ihn nur selten von seiner besten Seite. Es gibt jedoch einen chinesischen Ahorn, der mir sehr lieb ist, einerseits wegen seiner wunderschönen orange-braunen Rinde, andererseits wegen seiner dauerhaften Herbstfarbe. Ich spreche von *Acer griseum*, der über fünfzehn Meter hoch werden kann und der schon in seiner Jugend einen sehr hübschen kleinen Baum ergibt, wie ein Baum in einem Märchen, leicht und elegant und bronze wie die Partyschuhe unserer Kindheit.

Ich pflanze beide an und bin schon längst mit ihnen vertraut, aber ich muß zugeben, daß die rote Zwergvogelbeere mir fremd war, bis mir kürzlich jemand einen Zweig mitbrachte. Sie lodert rot wie eine Kirsche. Ich glaube, sie sollte in einer Gruppe von vielleicht einem halben Dutzend gepflanzt werden, denn sie ergibt nur einen kleinen buschigen Strauch von höchstens einem Meter achtzig, und ein einzelnes Exemplar würde ihr vielleicht keine Gerechtigkeit widerfahren lassen. Natürlich ist der Haken an all diesen Bäumen und Sträuchern, die gepflanzt werden, um Farbe in den Herbstgarten zu bringen, daß sie sich mit den Bäumen der Wälder oder Hecken der Umgebung vermischen, in Rivalität zu Buche, Wilder Kirsche, Eberesche und sogar den Eichen, wenn sie aber in einer ausgewählten Ecke konzentriert auftreten, dann wird es immer so aussehen, als seien sie ganz bewußt dort hingesetzt worden.

Es gibt drei Sorten von Zwergvogelbeeren, alle angeblich mit schöner Färbung, ihre botanischen Namen sind *Aronia arbutifolia*, die Sorte, die ich gesehen habe, *A. melanocarpa*, die schwarze Vogelbeere mit weißen Blüten und schwärzlichen Früchten, und *A. prunifolia*.

Wenn ich von der Menge der Briefe ausgehen darf, die ich erhalten habe, dann scheint mein Vorschlag, Alpenerdbeeren zu pflanzen, bei den Lesern des *Observers* großes Interesse erweckt zu haben: Ich möchte deshalb heute eine Empfehlung für den winterharten Wein hinzufügen. Ich habe ihn schon in einem früheren Artikel erwähnt, damals jedoch als Mauerbedecker und nicht als Obst, weshalb ich auf seine geschmacklichen Qualitäten nicht weiter hingewiesen habe. Es scheint nicht allgemein bekannt zu sein, daß es in unseren südlichen Grafschaften früher durchaus Weinberge gab, deren Trauben reiften und zu Wein verarbeitet wurden; und was einmal möglich war, wäre auch wieder möglich.

Die Weinproduktion ist heute allerdings von zweifelhaftem Wert, da Weinherstellung Zucker bedeutet; aber zweifellos könnten Weinsorten, die kleine, süße Fruchtdolden liefern, an Südwänden gezogen werden und durchaus Ertrag bringen. Es gibt verschiedene Sorten, die alle in einem normalen englischen Sommer zur Reife gelangen würden. Zu denen, die ich empfehlen möchte, gehören, genau in dieser Rangfolge, *Royal Muscadine*, *Muskateller*, *Golden Drop*, *Dutch Sweetwater*. *Royal Muscadine* erscheint mir als die mit Abstand beste, aber *Muskateller* kann sich fast mit ihm messen.

Royal Muscadine hat noch dazu eine romantische Geschichte. Diese Traubensorte wurde im Cahors von Heinrich von Navarra entdeckt, der gerade unterwegs nach Paris war, um sich als Heinrich IV. krönen zu lassen. Er brachte sie vom Cahors nach Fontainebleau, wo sie den Namen *Chasselas de Fontainebleau* (*Vitis vinifera Chasselas blanc*) erhielt. Es sind Chasselas-Trauben, das bedeutet ganz normale kleine grünliche Trauben von der Sorte, die wir massenhaft in Gemüseläden in Frankreich und Italien sehen. Trotz ihres reichlichen Vorkommens schmecken sie – wenn Sie die Geduld haben –, Traube für Traube ebenso gut, als wenn Sie sich – zu ungeduldig – eine Handvoll davon auf einmal in den Mund stopfen. Es lohnt sich, sie in unseren südlichen Grafschaften an einer warmen Wand zu ziehen, denn dann können Sie im August und September eine Dolde auf Ihren Frühstückstisch legen.

Die winterharten Weine eignen sich auch zur Herstellung von Essig. An sich können Sie jede Weinsorte dafür nehmen, aber wenn Sie echten Rotweinessig wünschen, dann sollten Sie *Vitis vinifera Brant* pflanzen. Diese Sorte hat eine dunkle, fast schwarze Traube, aus der Sie Essig machen können, indem Sie die Trauben in einem hölzernen Zuber zerquetschen, sie dort zehn Tage oder zwei Wochen gären lassen und den Saft dann in Flaschen füllen. Verkorken Sie diese Flaschen nicht, sondern stopfen sie ein Stück Papier hinein, um Staub und Fliegen abzuhalten.

Feigen und Pfirsiche reifen in Südengland auch viel besser, als bisweilen angenommen wird. Sie brauchen durchaus nicht als Luxusfrüchte betrachtet zu werden. Die Feigensorten *Brown Turkey* und *Brunswick*, an einer Mauer gepflanzt, sind besonders zu empfehlen.

Vielleicht gibt es ja Leser, die meine Vorliebe für Bäume mit sich abschälender Rinde teilen. Ich muß zugeben, daß es eine außergewöhnliche Vorliebe ist. Ich muß auch zugeben, daß Sie wirklich einen ziemlich großen Garten brauchen, um Platz genug für ein oder zwei Exemplare zu haben, die Sie in eine vernachlässigte Ecke stellen, wo sie dann im Laufe der Jahre immer größer werden. Dies ist also ein Artikel für wenige, nicht für die große Masse.

Ich mag die Schäl-Bäume, deren Rinde sich wie beim Hobeln in Striemen ablöst. Eine Baumart heißt *Arbutus menziesii* (Erdbeerbaum), ihre zimtbraunen Ringe lösen sich von allein, und Sie können Sie dann mit den Händen zu etwas glätten, das sich wie seltsam olivgrünes Sandpapier anfühlt. Diese Baumart zieht geschützte Ecken vor, denn sie ist nicht gänzlich winterhart. Es gibt auch *Acer griseum*, den Papierrindenahorn, dessen mahagonibraune Rinde von unten her durch helleres Orange ersetzt wird. Im Herbst trägt dieser Ahorn leuchtendrote Blätter. Er hat überhaupt eine der schönsten Oktober-November-Farben. *Betula albo-sinensis* var. *septentrionalis* ist eine Birke mit wunderschönem weißgrauem Stamm; leider finde ich sie in keinem Katalog, habe aber die Hoffnung noch nicht aufgegeben. Sie ist meiner Ansicht nach einer der schönsten Bäume überhaupt, obwohl *Betula platyphylla* var. *japonica* noch dazu im Frühling entzückende Kätzchen hat. Auch diese scheint nicht lieferbar zu sein.

Prunus serrula, manchmal auch unter der Bezeichnung *P. serrula tibetica* angeboten, ist ein beeindruckender Baum mit glänzender mahagonifarbener Rinde. Sie sieht nicht so mitgenommen aus wie manche andere, sondern löst ihre oberste Rindenschicht in runden Streifen ab, und das hinterläßt auf dem Stamm jedes Jahr neue Kerben, so daß er aussieht, als trüge er viele Armreifen. Die frische Oberfläche darunter ist rötlich und glänzend und erinnert an die französische Politur, die manchmal für schöne alte Möbel verwendet wird.

Und wo ich nun schon über ein Thema geschrieben habe, das nicht von allgemeinem Interesse ist, wie ich fürchte, möchte ich doch noch eine Bermerkung über Christrosen oder Nieswurz (*Helleborus*) anfügen, die derzeit ihre ersten rundlichen Knopsen zeigen. Angeblich erhalten wir einen langen Stiel, wenn wir die Mitte der Pflanze mit Sand bedekken, so daß die Stengel sich einen Weg nach oben suchen müssen, um ans Licht zu gelangen. Ich habe diese Methode noch nie ausprobiert, aber sie klingt plausibel. Gleichzeitig sollte eine Glocke über die Wurzeln gestülpt werden, um die Blüten vor Regen und Schlamm zu schützen.

In diesem Herbst ist alles außergewöhnlich weit fortge-

schritten, der Winterjasmin entwickelt sich in hohem Tempo, und Sie sollten auf die fetten Knospen der im Herbst blühenden Kirsche achten, die sich in einem warmen Zimmer innerhalb weniger Tage öffnen werden. Sogar die Schnekken denken schon über die frühreifen Knospen der Winteriris nach.

Vom gärtnerischen Standpunkt aus gesehen haben die Bewohner der südlichen Teile unserer Insel gegenüber denen des Nordens einige unleugbare Vorteile. Das Klima im Süden ist milder, eine Tatsache, die zweifellos ihre Auswirkungen auf die Pflanzen hat, die in Katalogen mit dem unheilverkündenden Sternchen versehen sind, das bedeutet: »Nur für milde Gegenden geeignet«. Doch die Bewohner des Nordens brauchen nicht zu verzweifeln; auch sie sind manchmal im Vorteil, denn manche Dinge wachsen dort oben einfach besser. Denken wir doch an *Tropaeolum speciosum*, die flammenfarbene Kapuzinerkresse, mit ihren leuchtenden roten Trompeten zwischen kleinen dunklen Blättern. Sie ist die Krönung der schottischen Gärten, während sie sich im Süden nur selten wohl fühlt, nicht einmal auf der kühlen Nordseite einer Hecke. Außerdem gibt es den Stengellosen Enzian *Gentiana sino-ornata*, der im Süden, in einem kalkfreien Beet auf fast reiner Lauberde, ebenfalls gedeiht, der sich für den kühleren Norden aber noch besser eignet. Für die immer kürzer werdenden Herbsttage gibt es nur wenige schönere Pflanzen; niedrige, leuchtende Trompeten von klarem Blau, die in aller Eile dicke Wurzelballen bilden, die auseinander gepflückt und ausgepflanzt oder verschenkt werden können. Auch bunte Primeln und *Polianthes* scheinen ein kühleres Klima vorzuziehen; und viele der altmodischen gefüllten Primeln sind jetzt so selten, daß sie nur noch bei schottischen Züchtern erhältlich sind.

Kapuzinerkresse, Enzian und Primeln sind Pflanzen für jede Geldbörse, wer aber noch ein paar Shilling dazu ausgeben kann, sollte sie in die wunderbare Riesenlilie *Cardiocrinum giganteum* investieren. Sie wird über drei Meter hoch und hebt ihre mit schweren weißen Trompeten behangenen, stark duftenden Zweige gen Himmel. Schon ein einziger Zweig versorgt als Schnittblume ein Zimmer mit einem so starken Duft, daß die meisten ihn kaum noch erträglich finden.

Diese Lilien sind recht teuer, vor allem, wenn wir drei Jahre alte Zwiebeln haben wollen, also Zwiebeln von blühfähiger Größe, aber sie machen sich letztlich doch bezahlt. Sie können natürlich auch zu einem wesentlich geringeren Preis jüngere Zwiebeln kaufen und sie selber ziehen; außerdem liefert eine ausgewachsene Zwiebel (die nach dem Blühen abstirbt) eine Menge kleiner Zwiebeln, die Sie in ein Beet pflanzen können, um dann nach drei Jahren zehn, zwölf oder eine ganze Gruppe neuer Pflanzen zu erhalten. Graben Sie sie im Oktober oder November zum Teilen und Neupflanzen aus. Danach brauchen Sie nie mehr darauf zu verzichten. Sie mögen Halbschatten, eine reiche Mischung aus Lauberde und Lehm, wenn möglich auch Dünger, und Sie sollten sie so tief setzen, wie ihre Wurzeln reichen, und sie mit Farn oder anderen Blättern bedecken, um ihre Spitzen vor den Frösten des Frühlings zu beschützen.

Als ich kürzlich im Ausland unterwegs war, sah ich zwei Heckenbäume, einen in Frankreich und einen in Spanien. Ich fand sie verwirrend. Ihre Blätter wiesen auf *Sorbus* hin, uns eher vertraut als Eberesche oder Vogelbeere, aber ihre Fruchtdolden sahen ganz anders aus, als ich sie je bei einem Sorbus gesehen hatte. In Frankreich waren es winzige rote Äpfel, in Spanien winzige braune Birnen. Ich hätte wirklich imstande sein müssen, sie zu identifizieren, aber man kann doch nicht alles wissen, und am Ende stellte sich dann heraus, daß ich mich doch nicht ganz geirrt hatte. Es handelte sich um *Sorbus domestica*, und ich freute mich über die Auskunft, daß dieser überaus dekorative Baum, obwohl heimisch in Mittel- und Südeuropa, in Großbritannien ebenfalls manchmal anzutreffen ist; er erreicht eine Höhe von über zwanzig Metern und das respektable Alter von fünf- bis sechshundert Jahren.

Weniger ermutigend fand ich die Tatsache, daß er aus Samen gezogen werden sollte, denn bei Bäumen ist das doch ein sehr langsames Verfahren. Anscheinend besagt eine alte Theorie, daß Sorbusbäume aus Samen gezogen werden möchten, denn John Evelyn spottet im 17. Jahrhundert über die Redensart, »der Säer sieht niemals die Früchte seiner Arbeit«, und behauptet, er selbst habe armlange Setzlinge gepflanzt, aus denen sehr schnell Bäume geworden seien. Evelyn sprach aber nicht über die echte Eberesche, wie ich sie auf meiner Reise gesehen habe, sondern über die wilde, *Sorbus torminalis* (Elsbeere), die wir auch hierzulande bisweilen sehen; sie ist im Herbst, wenn sie sich rotgolden verfärbt, ein grandioser Anblick. Evelyn kannte *Sorbus domestica* offenbar nicht, und das ist seltsam, denn zu seinen Lebzeiten stand bereits ein uraltes Exemplar im Wyre Forest in Worcestershire; vermutlich hörte er zu spät davon, um es in seinem Werk *Sylva* noch zu erwähnen.

Ich werde versuchen, *Sorbus domestica* aus Samen zu ziehen, in der Hoffnung, daß meine Urgroßenkel es mir danken werden, ansonsten möchte ich zu *Sorbus hupehensis* raten, der als junger Baum verkauft wird und durch seine schöne Herbstfarbe und seine leichtrosa Früchte besticht, die später perlweiß werden. Dieser Baum ist vor nicht allzu langer Zeit, um 1910, glaube ich, aus China gebracht worden und in unseren Gärten noch nicht häufig zu sehen. Er bietet eine schöne Abwechslung von der üblichen rotbeerigen Eberesche, die auf Heidehügeln so schön zur Geltung kommt, im Vorgarten jedoch traurig fehl am Platze wirkt.

In mehreren Briefen werde ich gefragt, was im Winter mit den Sinkkästen geschehen sollte. Und diese Frage liegt auch mir am Herzen. Diese entzückende Form der Gärtnerei en miniature wird vom Frost aufs höchste gefährdet, das war die bittere Lektion, die wir in den harten Tagen des letzten Januar lernen mußten. Wir erkannten damals, vielleicht zum ersten Mal nach einer Serie relativ milder Winter, daß achtzehn bis zwanzig Kältegrade den Boden im Kasten betonhart machen können. Und das überlebt keine Wurzel oder Zwiebel. Sie werden zu Tode gequetscht, zermatscht und gestoßen. Es hat auch keinen Zweck, sich mit ihnen anzulegen und sie darauf hinzuweisen, daß sie in ihrer Alpenheimat viel härtere Bedingungen und viel tiefere Temperaturen überleben mußten. Das stimmt zwar, aber wir vergessen leicht, daß Pflanzen in den Bergen über einen fast endlosen Wurzellauf verfügen, der sich in den Spalten des natürlichen Felsbodens so tief ausbreitet, wie es in diesem Boden für ihr Überleben nötig ist.

Wenn wir Alpenpflanzen in unsere Sinkkästen oder Tröge versetzen, zwingen wir ihnen ganz andere Bedingungen auf. Wir stecken sie in ein flaches, nur wenige Zentimeter tiefes Beet, wo sie nicht tief im Boden den Schutz und die Nahrung suchen können, die sie brauchen. Wie aber können wir unsere Kästen und Tröge vor dem Frost schützen, der sie im Moment in jeder kalten Nacht in Beton verwandeln kann?

Ich habe versucht, mir eine vernünftige Lösung zu überlegen. Der gesunde Menschenverstand ist ja zumeist gar nicht schlecht, und in diesem Fall rät er, den Kasten in Stroh oder Farn einzupacken, den wir um die Ecken legen und mit dickem Bindfaden befestigen. (Hier im Hopfenland Kent benutzen wir Hopfenschnur, sie ist grob, zäh und preiswert; sie sieht zwar nicht besonders elegant aus, aber zu allen vorübergehenden Zwecken ist sie hervorragend geeignet.) Danach würde ich die Erde zur Zeit der ärgsten Fröste mit Farn bedecken, der bei mildem Wetter oder Regen entfernt wird, um nicht Licht und Luft auszusperren, die alle Pflanzen ebenso brauchen wie Kinder Liebe.

Ich hoffe, das ist eine Lösung.

Die gemeine Buddleie, *Buddleia davidii*, ist als Busch nicht so befriedigend, wie zu erwarten wäre. Ihr Charme liegt vor allem in ihrer Fähigkeit, Insekten anzulocken, was ihr den Beinamen Schmetterlingsbusch eingetragen hat, zweifellos ein

Fortschritt im Vergleich zu dem offiziellen Namen, der auf einen Pastor Adam Buddle aus dem 17. Jahrhundert zurückgeht. Manche Varianten übertreffen die Grundsorte zwar um einiges, zum Beispiel *Veitchiana* und *magnifica* und eine Hybride neueren Datums namens *davidii Royal Red*, aber im ganzen sind es doch wenig ansehnliche Pflanzen, hager, gerade wenn Sie sie im Frühling zurückschneiden, was Sie eigentlich tun sollten. Ich ziehe *B. fallowiana* oder *B. nivea* mit ihren weißen, wolligen Trieben absolut vor, oder *B. alternifolia*, von energischem Wuchs, aber elegant, ihre Blätter sind klein wie die einer Weide und hängen auch, wie bei Trauerweiden, fast bis auf den Boden; wenn die unteren Zweige entfernt werden, ist sie als Hochbäumchen zu verwenden. Sie ist vor nicht allzu langer Zeit, nämlich 1915, aus China eingeführt worden, was vielleicht erklärt, warum wir sie noch nicht oft sehen, obwohl sie sich aus Ablegern sehr leicht ziehen läßt, sehr schnell wächst und bereits in frühem Alter blüht.

Es gibt außerdem *B. globosa*, die Mengen von kleinen gelben Bällen produziert, ganz anders als die langen Quasten des Schmetterlingsbuschs und sehr nützlich als Kletterpflanze, wenn ein unansehnlicher Zaun oder Schuppen verkleidet werden soll. Und schließlich ist noch die wunderschöne *B. colvilei* zu erwähnen, rosenrot, doch leider nur in warmen Grafschaften wirklich zuverlässig.

Ich wollte aber eigentlich heute über die *asiatica* genannten Buddleien schreiben. Ehrlich gesagt, sehen sie nicht umwerfend aus. Man könnte ihre Farbe als grünliches Weiß bezeichnen, aber es wäre redlicher, von schmutzigem Weiß, fast schon Grau zu sprechen. Sie stammt aus Südafrika und ist als Busch im Freien nicht ganz winterhart, vor einer Mauer kann sie jedoch innerhalb weniger Jahre eine Höhe von über fünf Metern erreichen, und in meinem Garten in Kent hat sie sogar einen bitteren Winter überlebt. Sie sollte einen unauffälligen Standplatz bekommen, außer Sicht, bis man sie braucht, denn es wäre eine Schande, an ein so trübes Objekt einen guten Mauerplatz zu verschwenden. Bei mir steht sie im Küchengarten an der Ostwand eines alten Stalles. Das wirklich Wichtige an dieser Buddleie, die ich mit einem solchen augenfälligen Mangel an Begeisterung beschreibe, ist, daß sie im November blüht, wenn es an Blüten doch sehr mangelt, und daß sie nach Honig riecht. Der Duft allein lohnt die Anschaffung; wenn Sie sie in einer Vase in eine bescheidene Ecke stellen, dann werden alle, die das Zimmer betreten, sofort nach einer Schale mit Süßem Steinkraut suchen.

Der Erdbeerbaum (*Arbutus*) ist auf unseren Inseln nicht oft zu sehen, nur in Südwestirland wächst er wild; er ist ein attraktiver, immergrüner Baum von nicht übertriebener Größe und angenehmem Wesen. Die meisten Arbutus-Arten mögen keinen Kalk, schließlich gehören sie zur Familie der *Ericaceae*, wie das Heidekraut und der Rhododendron, doch kann der *Arbutus unedo* Genannte in jeden einigermaßen brauchbaren Boden gepflanzt werden.

Zu seinen Qualitäten: Wie gesagt, er ist immergrün. Er ist zäh und holzig, deshalb übersteht er Seestürme. Er hat eine witzige, zottige, rötliche Rinde. Er kann freistehend als Strauch oder vor einer Wand stehen, was vielleicht seine Rinde besonders gut zur Geltung kommen läßt, vor allem, wenn Sie eine Stelle finden, an der er vom Sonnenuntergang angestrahlt wird, dann ähnelt er der Gemeinen Kiefer. Seine wachsartigen, rosaweißen Blüten hängen wie Dolden aus kleinen Glocken zwischen den dunkelgrünen Blättern, sie sollten gepflückt werden, ehe der erste Novemberfrost sie bräunlich verfärbt; ein Nachteil, der sich bei Frostgefahr durch schnelles Pflücken beheben läßt. Sein meiner Ansicht nach größter Vorzug ist, daß er gleichzeitig Blüten und Früchte trägt, so daß die erdbeerähnlichen Beeren zwischen den bleichen Blüten hängen. Diese Beeren sind eßbar, aber ich würde sie nicht empfehlen. Plinius, der sie mit der echten Erdbeere verwechselte, führte das Wort *unedo* auf *unum edo* zurück, »ich esse eine«, um anzudeuten, daß man auf eine zweite keinen Appetit mehr hat.

Das waren die Qualitäten, doch es gibt auch einen Fehler: Er ist nicht robust genug für sehr kalte Grafschaften oder den Norden.

Es gibt einen weiteren *Arbutus* namens *menziesii*, er ist der edle kalifornische Menzies-Erdbeerbaum, der in seiner Heimat eine Höhe von über dreißig Metern erreicht. Ich glaube nicht, daß er das in England schaffen würde, obwohl ich zugeben muß, daß das Exemplar, das ich vor etwa fünfzehn Jahren hier in Kent gepflanzt habe, in beunruhigendem Tempo in die Höhe schießt und schon ein Fenster im Erdgeschoß verdunkelt; bald wird es den ersten Stock erreichen, und was soll ich dann machen? Es bis zum Dach wachsen lassen, nehme ich an, und dann noch weiter. Seine wunderschöne Rinde – mahagonifarben, bis sie sich abschält und ein ebenso wunderschönes Olivgrün freilegt – macht mir solche Freude, daß ich es niemals ertragen könnte, ihn zu fällen. Vielleicht könnte ein außergewöhnlich strenger Winter dieses Problem lösen, denn in den Katalogen ist dieser Baum mit dem warnenden Dolch versehen, was »empfindlich« bedeutet.

Es gibt außerdem noch *Arbutus andrachne* mit seiner typischen roten Rinde, doch auch er eignet sich nur für begünstigte Gegenden wie Süd- und Südwestengland, Teile von Wales sowie Nord- und Südwestirland. Eigentlich ist es sicherer, sich auf *Arbutus unedo* zu beschränken, der im Winter mit seinen grünen Blättern soviel Freude macht und im Herbst mit seinen wachsartigen Blüten und seinen scharlachroten Beeren so hübsch aussieht. Der Preis kommt auf die Größe an, und er ist in den meisten guten Baumschulen erhältlich.

REGISTER DER PFLANZEN

ABBILDUNGSVERZEICHNIS